中国自主基础软件
技术与应用丛书

"十四五"时期国家重点出版物出版专项规划项目

统信UOS
应用开发进阶教程

统信软件技术有限公司◎著

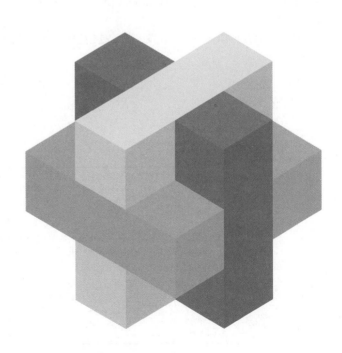

人民邮电出版社

北　京

图书在版编目（CIP）数据

统信UOS应用开发进阶教程 / 统信软件技术有限公司
著. -- 北京 ：人民邮电出版社，2022.5
（中国自主基础软件技术与应用丛书）
ISBN 978-7-115-58010-8

Ⅰ．①统… Ⅱ．①统… Ⅲ．①操作系统—教材 Ⅳ.
①TP316

中国版本图书馆CIP数据核字(2021)第240113号

内 容 提 要

统信UOS是一款界面美观、安全稳定的操作系统，可为用户提供丰富的应用生态。统信软件技术有限公司组织编写了两本统信UOS应用开发教程，分别侧重于实战和进阶。本书基于Qt 5.11.3，讲解统信UOS应用开发的进阶知识，涵盖了应用开发中级工程师必须掌握的大部分核心知识点，如多线程、通信机制、进程间通信、数据库操作、Qt的高级应用、调试与调优、桌面文件等。此外，根据统信UOS的特点，本书还介绍了DTK开发框架，以及从Windows向Linux迁移应用的方法。本书实战导向性强，精心设计了十余个项目案例，并在每章开头点明目标任务和通过项目可掌握的知识点，便于读者快速投入实战。

本书适合统信UOS的应用开发人员、信创领域公司以及个人开发者学习使用，也适合Qt开发人员阅读参考。

◆ 著   统信软件技术有限公司
  责任编辑 赵祥妮
  责任印制 陈 犇

◆ 人民邮电出版社出版发行   北京市丰台区成寿寺路 11 号
  邮编 100164   电子邮件 315@ptpress.com.cn
  网址 https://www.ptpress.com.cn
  北京隆昌伟业印刷有限公司印刷

◆ 开本：787×1092 1/16
  印张：9.75   2022 年 5 月第 1 版
  字数：203 千字   2022 年 5 月北京第 1 次印刷

定价：49.90 元

读者服务热线：(010)81055410 印装质量热线：(010)81055316
反盗版热线：(010)81055315
广告经营许可证：京东市监广登字 20170147 号

《统信 UOS 应用开发进阶教程》编委会

主　编：

　刘闻欢

副主编：

　张　磊　秦　冰

参编人员：

王明栋　王　波　王耀华　史维星　邢　健　苏　雷　李　望
杨建民　张　宪　吴　丹　吴博文　邸国良　张文斌　张　松
张　亮　张海东　张继德　张　爽　陆　洲　金　业　金奇才
郑幼戈　赵　越　崔丽华　崔　湛　彭　浩　韩亚飞　湛忠祥
郑　光　赵　耀

　　拿到《统信 UOS 应用开发进阶教程》的样书，便被封面设计吸引，简洁、典雅，有大道至简之风。我想，如果内容也如封面这般赏心悦目，那就不失为一本"精品"。

　　这本教程延续了《统信 UOS 应用开发实战教程》的风格，保留了学练结合的特点，即理论与实践有机结合，理论部分的讲解仍然是深入浅出、循序渐进，实践案例仍然很有代表性，很接地气。

　　通读全书，不难发现这本教程极具统信 UOS 特色，将统信软件技术有限公司自主研发的 DTK 开发框架列入其中。这对于众多统信 UOS 开发爱好者来说是一个好消息，因为他们很早就在期盼统信 DTK 的亮相。这本教程的出版无疑是给与 DTK 开发者最好的礼物。

　　除了 DTK 开发框架之外，相比《统信 UOS 应用开发实战教程》，这本教程提供了更丰富的项目案例，在内容上也更具深度，更适合技术上有一定积累的开发者学习参考。教程涉及进程间通信、多线程同步、网络编程、数据库操作、插件的开发、Qt 程序的调试与调优、程序迁移等内容，满足基于统信 UOS 的应用开发者技术精进的需要。值得称道的是，书中提供的很多资料是通过其他书籍或网络检索不易得到的，目前来看还算是独一份。总之，对于有一定 Qt 技术基础的开发者来说，这是一本值得借鉴的优质教程。

王耀华

统信软件技术有限公司 桌面操作系统产线总经理

2022 年 3 月

统信软件技术有限公司（简称统信软件）于 2019 年成立，总部位于北京经开区信创园，在全国共设立了 6 个研发中心、7 个区域服务中心、3 地生态适配认证中心，公司规模和研发力量在国内操作系统领域处于第一梯队，技术服务能力辐射全国。

统信软件以"打造操作系统创新生态，给世界更好的选择"为愿景，致力于研发安全稳定、智能易用的操作系统产品，在操作系统研发、行业定制、国际化、迁移适配、交互设计等方面拥有深厚的技术积淀，现已形成桌面、服务器、智能终端等操作系统产品线。

统信软件通过了 CMMI 3 级国际评估认证及等保 2.0 安全操作系统四级认证，拥有 ISO27001 信息安全管理体系认证、ISO9001 质量管理体系认证等资质，在产品研发实力、信息安全和质量管理上均达到行业领先标准。

统信软件积极开展国家适配认证中心的建设和运营工作，已与 4000 多个生态伙伴达成深度合作，完成 20 多万款软硬件兼容组合适配，并发起成立了"同心生态联盟"。同心生态联盟涵盖了产业链上下游厂商、科研院所等 600 余家成员单位，有效推动了操作系统生态的创新发展。（上述数据截至 2022 年 3 月，相关数据仍在持续更新中，详见统信 UOS 生态社区网站 www.chinauos.com）

目 录

第 **1** 章
多线程和多线程同步

1.1 多线程的状态和线程调度 002

1.2 多线程的创建和管理 003

1.3 线程同步 005

1.3.1 互斥量 005

1.3.2 死锁以及解决方案 008

1.3.3 读写锁 008

1.3.4 条件变量 009

1.4 项目案例 1：通过条件变量实现生产
者消费者模型 009

1.5 项目案例 2：通过信号量实现生产者
消费者模型 011

1.6 项目案例 3：文件管理器多文件复制
任务同步 012

1.6.1 线程的使用 013

1.6.2 线程池的使用 015

1.6.3 线程同步 016

第 **2** 章
套接字和网络编程

2.1 常见网络协议 019

2.2 网络编程接口 020

2.3 IP 地址转换 020

2.3.1 QHostInfo 类 020

2.3.2 QNetworkInterface 类 022

2.3.3 QHostAddress 类 022

2.3.4 QNetworkAddress 类 024

2.4 UDP 通信机制与模型 024

2.5 项目案例 1：统信 UOS 内网通——
聊天室 025

2.6 TCP 通信机制、模型与编程 031

2.7 项目案例 2：统信 UOS 内网通——
文件传输 031

第 **3** 章
D-Bus 进程间通信

3.1 D-Bus 简介 038

3.2 QtDBus 常用类 039

3.3 D-Bus 调试工具 044

3.4 项目案例：统信 UOS 磁盘管理器 046

第 **4** 章
数据库操作

4.1 Qt 操作 SQLite 数据库 051

4.2 项目案例 1：统信 UOS 联系人——SQLite
存储用户信息 053

4.3 Qt 操作 MySQL 数据库 059

4.4 项目案例 2：统信 UOS 联系人——MySQL
存储用户信息 060

第 **5** 章
Qt 高级特性的使用

5.1 Qt 插件系统 063

5.2 项目案例 1：统信 UOS 画板——支持
插件的画板程序 064

5.2.1 创建项目 064

5.2.2 定义接口 065

5.2.3 编写主程序 066

5.2.4 编写插件 068

5.2.5 加载插件 069

5.2.6 实际运行 071

5.3 Qt 单元测试 072

5.4 项目案例 2：为程序编写测试程序 073

5.4.1 执行单元测试 075

5.4.2 测试用例的生命周期 077

5.4.3 数据驱动测试 077

5.4.4 图形化测试 080

5.5 polkit 鉴权系统 081

5.5.1 声明动作 083

5.5.2 定义规则 084

5.6 项目案例 3：系统环境变量修改器 085

5.6.1 editor 项目 085

5.6.2 helper 项目 087

5.6.3 检查调用者的权限 089

第 6 章 Qt 程序的调试与调优

6.1 在 Qt Creator 中调试代码 092

6.1.1 配置调试环境 092

6.1.2 使用 GDB 进行调试 092

6.2 Perf 的介绍与使用 096

6.2.1 Perf 简介 096

6.2.2 CPU 性能分析与火焰图 097

6.2.3 缓存性能分析 100

6.3 Gperftools 103

6.3.1 Thread-Caching Malloc 103

6.3.2 内存检查 104

6.3.3 内存性能分析 107

6.3.4 处理器性能分析 109

6.4 使用 Valgrind 进行内存分析 113

第 7 章 DTK 的使用

7.1 DTK 简介 118

7.2 安装 DTK 开发包 118

7.3 第一个 DTK 项目 118

7.4 关于对话框的修改 120

7.5 程序单实例 121

7.6 日志文件 122

7.7 主窗口 122

7.8 自定义标题栏 124

7.9 DTK 中的控件 124

7.9.1 Controls 页面 125

7.9.2 Effects 页面 129

7.10 切换主题 130

7.11 添加设置界面 131

7.12 添加帮助手册 136

第 8 章 桌面文件规范

8.1 桌面文件介绍 139

8.2 桌面文件基本模板 139

8.3 桌面文件规范 140

8.4 桌面文件完整示例 140

第 9 章 从 Windows 到 Linux 的程序迁移

9.1 系统现状 143

9.2 程序迁移问题 143

9.3 DeepinWine 144

9.4 客户端软件运行的问题 144

9.5 Web 前端 145

9.6 ActiveX 控件 145

9.7 外围设备 146

第 1 章

多线程和多线程同步

在一个程序中，独立运行的程序片段称为线程（Thread），多线程（Multithreading）是指从软件或者硬件上实现多个线程并发执行的技术。需要有硬件支持，计算机才能够具有多线程能力，同时执行多个线程，从而提升整体的处理性能。具有这种能力的系统包括对称多处理机、多核处理器、芯片级多处理器以及同时多线程处理器。对线程进行编程处理的过程称为多线程处理。

【目标任务】

掌握多线程的状态和线程调度等概念、多线程的创建和管理、线程同步互斥量、死锁以及解决方案、线程同步读写锁、线程同步条件变量概念和具体的使用方法。

【知识点】

● 多线程的状态和线程调度。

● 多线程的创建和管理。

● 线程同步互斥量的使用方法。

● 死锁以及解决方案。

● 线程同步读写锁的使用方法。

● 线程同步条件变量的使用方法。

【项目实践】

● 项目案例1：通过条件变量实现生产者消费者模型，生产者只负责生产数据，而消费者只负责消费数据。

● 项目案例2：通过信号量实现生产者消费者模型。

● 项目案例3：文件管理器多文件复制任务同步。

1.1 多线程的状态和线程调度

线程是操作系统能够进行运算调度的最小单位。大部分情况下，线程包含在进程中，是进程中的实际运作单位。一个线程指的是进程中一个单一顺序的控制流，一个进程中可以并发执行多个线程，每个线程执行不同的任务。

同一进程中的多个线程共享该进程中的全部系统资源，如虚拟地址空间、文件描述符、信号处理等。但同一进程中的多个线程有各自的调用栈（Call Stack）、寄存器环境（Register Context），以及独立的线程本地存储（Thread-local Storage）。

在多核或多路处理器以及支持超线程（Hyper-threading）的处理器上使用多线程程序设计的好处是显而易见的，即这样的设计可提高程序的执行吞吐率。即使是在单核处理器的计算机上，使用多线程技术也可以把进程中负责输入/输出（I/O）处理、人机交互而常被阻塞的部分与密集计算的部分分开执行，编写专门的工作线程执行密集计算，从而提高程序的执行效率。

线程从创建、运行到结束包括下面 5 个状态：新建状态、就绪状态、运行状态、阻塞状态及死亡状态。线程状态之间的关系如图 1-1 所示。

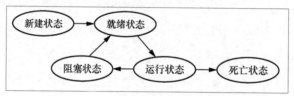

图 1-1　线程状态之间的关系

一旦线程进入可执行状态，就会在就绪状态与运行状态下转换，同时也有可能进入等待状态或死亡状态（线程执行完毕即进入死亡状态）。如果一个线程在运行状态下发出输入/输出请求，该线程将进入阻塞状态；在其等待输入/输出结束时，线程进入就绪状态。对于阻塞线程来说，即使系统资源空闲，线程依然不能回到运行状态。当 run 函数执行完毕时，线程进入死亡状态。

计算机通常只有一个 CPU，如果是单核 CPU，在任意时刻只能执行一条机器指令，每个线程只有获得 CPU 的使用权才能执行指令。所谓多线程的并发运行，从宏观上来看，指各个线程轮流获得 CPU 的使用权，分别执行各自的任务。在运行池中，会有多个处于就绪状态的线程在等待 CPU。线程调度是指按照特定机制为多个线程分配 CPU 的使用权。

线程调度有下面两种方式。

● 分时调度（系统级别）：所有线程轮流拥有 CPU 的使用权，平均分配每个线程占用 CPU 的时间。

● 抢占式调度（语言级别）：优先级高的线程先使用 CPU，如果可运行线程池中的线程优先级相同，就随机选择一个线程，使其占用 CPU。处于运行状态的线程会一直运行，直至其放弃 CPU。

1.2 多线程的创建和管理

Qt通过3种形式提供对线程的支持，分别是平台无关的线程类、线程安全的事件投递、跨线程的信号槽连接。

Qt 中主要的线程类如下。

- QThread：提供跨平台的多线程解决方案。
- QThreadStorage：提供逐线程数据存储。
- QMutex：提供相互排斥的锁或互斥量。
- QMutexLocker：辅助类，可自动对 QMutex 加锁与解锁。
- QReadWriteLock：提供可以同时读写操作的锁。
- QReadLocker 与 QWriteLocker：自动对 QReadWriteLock 加锁与解锁。
- QSemaphore：提供整型信号量，是互斥量的泛化。
- QWaitCondition：线程在被其他线程唤醒之前一直休眠。

QThread 是 Qt 线程中的一个公共的抽象类，所有的线程类都是从 QThread 抽象类中派生的。需要实现 QThread 中的虚函数 run，可通过 start 函数来调用 run 函数。在默认情况下，QThread::run 会启动一个事件循环（QEventLoop::exec）。线程相关的函数如下。

- void run：线程体函数，用于定义线程的功能。
- void start：启动函数，用于将线程入口地址设置为 run 函数。
- void terminate：用于强制结束线程，不保证数据完整性和资源释放。

QCoreApplication::exec 总是在主线程（执行 main 的线程）中被调用，不能从一个 QThread 中调用。在图形用户界面（GUI）程序中，主线程也称为 GUI 线程，是唯一允许执行 GUI 相关操作的线程。另外，必须在创建一个 QThread 前创建 QApplication（或 QCoreApplication）对象。

当线程启动和结束时，QThread 会发送信号 started 和 finished，可以使用 isFinished 和 isRunning 来查询线程的状态。

通过静态函数 currentThreadId 和 currentThread 返回当前正在执行的线程的标识，前者返回线程的 ID，后者返回一个线程指针。

如果要设置线程的名称，可以在启动线程之前调用 setObjectName。如果不调用 setObjectName 函数，那么线程的名称将是线程对象的运行时类型（QThread 子类的类名）。

在新的线程中使用 QThread 类执行代码可通过以下几种方式。

1. 继承 QThread 类

重写 QThread 的 void run 函数，在重写的函数中添加需要执行的代码。在以下代码中，NewThread 类通过继承 QThread 类，重写 run 函数，实现一个新的线程。

```cpp
#include <QThread>

class NewThread : public QThread
{
public:
    explicit NewThread(QObject *parent = 0);
protected:
    void run()
{
    // 具体语句
}
```

2. 使用 QThread::create

使用 QThread::create（要求 Qt 版本至少为 Qt 5.10）直接创建一个 QThread 对象，它可接收一个函数类型的参数，当调用 QThread::start 时会在新的线程中执行此函数。以下代码为使用 QThread::create 函数的示例。

```cpp
void function()
{
    // 具体语句
}

QThread *new_thread = QThread::create(function);
new_thread->start();
```

3. 直接创建一个 QThread 对象

直接创建一个 QThread 对象，将一个 QObject 对象移动到此线程，则使用 QMetaObject :: invokeMethod 调用此对象的槽函数就会在新的线程中执行。以下代码为使用 moveToThread 的示例。

```cpp
class Object : public QObject
{
    Q_OBJECT
public:
    explicit Object(QObject *parent = nullptr);

public slots:
    void function() {
        // 具体语句
    }
};

QThread *new_thread = new QThread();
Object *object = new Object();
object->moveToThread(new_thread);// 将对象交给线程
new_thread->start();
QMetaObject::invokeMethod(object, "function");
```

QRunnable 类可以和 QThreadPool（线程池）配合使用。和 QThread 的第一种使用方法类似，开发者也需要通过继承并重写 QRunnable::run 函数，从而在新的线程中执行代码。以下代码为使用 QRunnable 的示例。

```
class Runnable : public QRunnable
{
public:
    void run() override
    {
        // 具体语句
    }
};
QRunnable *runnable = new Runnable();
runnable->setAutoDelete(runnable);
QThreadPool::globalInstance()->start(runnable);
```

QtConcurrent 类是基于 QRunnable 封装的上层接口，可以很方便地在一个新的线程中执行一个函数，也可以和 QThreadPool 配合使用，以满足更灵活的功能需求。以下代码为使用 QtConcurrent 的示例。

```
void function()
{
    // 具体语句
}
QtConcurrent::run(function);
```

1.3 线程同步

线程同步即当有一个线程在对内存地址进行操作时，其他线程都不可以对这个内存地址进行操作，直到该线程完成操作，其他处于等待的线程才能对该内存地址进行操作，而别的线程又处于等待状态。

1.3.1 互斥量

线程锁能够保证临界资源的安全性，通常，每个临界资源需要一个线程锁进行保护。下面介绍两个概念。

● 临界资源：每次只允许一个线程访问的资源。

● 线程间互斥：多个线程在同一时刻都需要访问临界资源。

QMutex、QReadWriteLock、QSemaphore 和 QWaitCondition 可提供线程同步的手段。使用线程主要是希望它们可以尽可能并发执行，而在一些关键点上线程之间需要停止或等待。例如，如果两个线程要同时访问同一个全局变量，则无法实现。

QMutex 类提供相互排斥的锁，或称为互斥量。在一个时刻至多一个线程拥有 QMutex 的某对象 m_Mutex。假如一个线程试图访问已经被锁定的 m_Mutex，那么该线程将休眠，直到拥有 m_Mutex 对象的线程对此 m_Mutex 解锁。QMutex 常用来保护共享数据访问。QMutex 类的所有成员函数是线程安全的。

在程序中使用 QMutex 时需要声明头文件，在程序开始之前声明 QMutex m_Mutex，在只能一个线程访问的代码之前加锁，代码之后解锁。相关的代码如下。

- 头文件声明：#include <QMutex>
- 互斥量声明：QMutex m_Mutex;
- 互斥量加锁：m_Mutex.lock();
- 互斥量解锁：m_Mutex.unlock();

如果对没有加锁的互斥量进行解锁，那么执行的结果是可能造成死锁。互斥量的加锁（Lock）和解锁（Unlock）必须在同一线程中成对出现。

QMutex 有两种模式：Recursive 和 NonRecursive。

- Recursive：一个线程可以对 mutex 对象多次加锁，直到相应次数的解锁调用后，mutex 对象才真正被解锁。

- NonRecursive：默认模式，mutex 对象只能被加锁一次。

如果使用了 m_Mutex.lock 加锁而没有使用对应的 m_Mutex.unlock 解锁，就会造成死锁，其他线程将永远也得不到接触 m_Mutex 锁住的共享资源的机会。尽管可以不使用 lock 而使用 tryLock(timeout) 来避免"死等"造成的死锁 [tryLock(负值)==lock()]，但是还是可能造成错误。两个函数的具体情况如下。

- bool tryLock：如果当前其他线程已对 QMutex 对象加锁，则该调用会立即返回，而不被阻塞。

- bool tryLock(int timeout)：如果当前其他线程已对该 QMutex 对象加锁，则该调用会等待一段时间，直到超时。

下面通过一个多线程售票的例子来看一下 QMutex 的使用。在这个例子中，首先通过继承 QObject 类，创建 TicketSeller 类，并创建两个对象——seller1 和 seller2，然后通过创建线程 t1 和 t2，再将对象交给线程。在具体售票过程中，售票前先对互斥对象票的总数加锁，售票后再解锁释放。

```cpp
#include <QCoreApplication>
#include <QObject>
#include <QThread>
#include <QMutex>
#include <string>
#include <iostream>
class TicketSeller : public QObject
{
public:
    TicketSeller();
    ~TicketSeller();
public slots:
    void sale();
```

```cpp
public:
    int* tickets;
    QMutex* mutex;
    std::string name;
};
TicketSeller::TicketSeller()
{
    tickets = 0;
    mutex = NULL;
}
TicketSeller::~TicketSeller()
{
}
void TicketSeller::sale()
{
    while((*tickets) > 0)
    {
        mutex->lock();// 加锁
        std::cout << name << " : " << (*tickets)-- << std::endl;
        mutex->unlock();// 解锁
    }
}
int main(int argc, char *argv[])
{
    QCoreApplication a(argc, argv);
    int ticket = 100;
    QMutex mutex;
    /* 创建、设置线程 1*/
    // 创建线程 1
    QThread t1;
    TicketSeller seller1;
    // 设置线程 1
    seller1.tickets = &ticket;
    seller1.mutex = &mutex;
    seller1.name = "seller1";
    // 将对象移动到线程
    seller1.moveToThread(&t1);
    /* 创建、设置线程 2*/
    // 创建线程 2
    QThread t2;
    TicketSeller seller2;
    seller2.tickets = &ticket;
    seller2.mutex = &mutex;
    seller2.name = "seller2";
    // 将对象移动到线程
    seller2.moveToThread(&t2);
    QObject::connect(&t1, &QThread::started, &seller1, &TicketSeller::sale);
    QObject::connect(&t2, &QThread::started, &seller2, &TicketSeller::sale);
    t1.start();
    t2.start();
    return a.exec();
}
```

编译运行后，可以看到票的总数通过两个线程从 100 依次递减到 0。

另外还有一个 QMutexLocker 类，主要用来管理 QMutex。使用 QMutexLocker 的好处是可以防止线程死锁。QMutexLocker 在构造的时候加锁，析构的时候解锁。

1.3.2 死锁以及解决方案

多线程以及多进程可改善系统资源的利用率，并提高系统的处理能力。然而，运行过程中因争夺资源可能会造成一种僵局（Deadly-embrace），若无外力作用，这些进程（线程）都将无法向前推进。

产生死锁的条件，一是系统中存在多个临界资源且临界资源不可抢占，二是线程需要多个临界资源才能继续执行。死锁可采用的解决方案如下：对使用的每个临界资源都分配一个唯一的序号，对每个临界资源对应的线程锁分配相应的序号，系统中的每个线程按照严格递增的次序请求临界资源。

1.3.3 读写锁

QReadWriteLock 与 QMutex 相似，但对读写操作区别对待，可以允许多个读者同时读数据，但只能有一个写，并且读写操作不能同时进行。使用 QReadWriteLock 而不是 QMutex，可以使多线程程序更具有并发性。QReadWriteLock 的默认模式是 NonRecursive。

QReadWriteLock 类成员函数如下。

- QReadWriteLock：读写锁构造函数。
- QReadWriteLock（RecursionMode recursionMode)：递归模式。在这种模式下，一个线程可以加多次相同的读写锁，直到相应数量的 unlock 被调用才能被解锁。
- void lockForRead：加读锁。
- void lockForWrite：加写锁。
- QReadWriteLock（RecursionMode NonRecursive)：非递归模式。在这种模式下，一个线程仅可以加读写锁一次，不可递归。
- bool tryLockForRead：尝试读锁定。如果读锁定成功，则返回 true，否则它立即返回 false。
- bool tryLockForRead（int timeout）：尝试读锁定。如果读锁定成功，则返回 true；如果不成功，则等待 timeout 时间，等待其他线程解锁，当 timeout 为负数时，一直等待。
- bool tryLockForWrite：尝试写锁定。如果写锁定成功，则返回 true，否则它立即返回 false。
- bool tryLockForWrite（int timeout）：尝试写锁定。如果写锁定成功，则返回

true；如果不成功，则等待 timeout 时间，等待其他线程解锁，当 timeout 为负数时，一直等待。

● void unlock：解锁。

下面给出了一个 QReadWriteLock 的使用实例，代码如下。

```
QReadWriteLock lock;
 void ReaderThread::run()
 {
     lock.lockForRead();
     read_file();
     lock.unlock();
 }

 void WriterThread::run()
 {
     lock.lockForWrite();
     write_file();
     lock.unlock();
 }
```

1.3.4 条件变量

QWaitCondition 条件变量允许一个线程通知其他线程，如果所等待的某个条件已经满足，可以继续运行。一个或多个线程可以在同一个条件变量上等待。当条件满足时，可以调用 wakeOne 从所有等待在该条件变量上的线程中随机唤醒一个线程继续运行，也可以使用 wakeAll 同时唤醒所有等待在该条件变量上的线程。

QWaitCondition 和 QSemaphore 一样，因为要访问共享资源，所以要和 QMutex 配合使用。

1.4 项目案例 1：通过条件变量实现生产者消费者模型

工作过程中，可能会使用生产者消费者模型来处理各种应用场景，而生产者消费者模型指的是生产者只负责生产数据，而消费者只负责消费数据。例如网络通信的过程中，采用生产者来接收网络数据，而消费者负责处理网络数据，这样既能各司其职，又提高了网络的通信速度。下面通过使用常见的生产者消费者模型来说明一下条件变量的使用方法。

新建一个 Qt 控制台程序，再新建两个线程类 Producer 和 Consumer，这两个类继承自 QThread 类。

先在 main.cpp 中声明要用到的全局变量。代码如下。

```
#include <QCoreApplication>
#include <QWaitCondition>
#include <QMutex>
```

```
#include <QQueue>

QQueue<int> buffer;
QMutex mutex;
QWaitCondition fullCond;// 缓冲区变满（有数据）
QWaitCondition emptyCond;// 缓冲区变空

int main(int argc, char *argv[])
{
    QCoreApplication a(argc, argv);
    return a.exec();
}
```

其中，buffer 是缓冲区，mutex 是保护缓存区的互斥量，条件变量 fullCond 用来等待缓冲区变满（有数据），条件变量 emptyCond 用来等待缓冲区变空。

下面来实现生产者和消费者线程。生产者线程代码如下。

```
void Producer::run()
{
    while(true)
    {
        mutex.lock();
        while(buffer.size() >= 10)// 缓冲区变满
        {
            emptyCond.wait(&mutex);// 等待缓冲区变空
        }
        int num = rand();// 产生一个随机数
        buffer.enqueue(num);// 在队列尾部添加一个元素
        qDebug() << "enqueue: " << num;
        mutex.unlock();
        fullCond.wakeAll();// 唤醒其他等待线程
    }
}
```

此处，假定缓冲区最多存储 10 个元素。先判断缓冲区是否已满，如果已满，则等待其变为空；否则，产生一个随机数放入队列中，最后通知消费者线程可以进行消费。

消费者线程代码如下。

```
void Consumer::run()
{
    while(true)
    {
        mutex.lock();
        while(buffer.size() <= 0)
        {
            fullCond.wait(&mutex);// 没有数据，等待缓存区有数据
        }
        // 如果有数据，则从队首取出一个元素
        qDebug() << "dequeue: " << buffer.dequeue();
        mutex.unlock();
        emptyCond.wakeAll();// 唤醒其他等待线程
    }
}
```

对于消费者来说，他要先判断缓冲区是否有数据可消费。如果没有，则等待生产者生产出新的数据；如果有，则消费数据。最后，通知生产者继续生产。

1.5 项目案例 2：通过信号量实现生产者消费者模型

信号量（Semaphore）有时被称为信号灯，是在多线程环境下使用的一种设施，可以用来保证两个或多个关键代码段不被并发调用。在进入一个关键代码段之前，线程必须获取一个信号量；一旦该关键代码段完成了，那么该线程必须释放信号量。其他想进入该关键代码段的线程必须等待，直到第一个线程释放信号量。为了完成这个过程，需要创建一个信号量 VI，然后将 Acquire Semaphore VI 以及 Release Semaphore VI 分别放置在每个关键代码段的首末端。确认这些信号量 VI 引用的是初始创建的信号量。

QSemaphore 是 QMutex 的一般化，是特殊的线程锁，允许多个线程同时访问临界资源。信号量可以理解为对互斥量功能的扩展，互斥量只能锁定一次，而信号量可以获取多次，且可以用来保护一定数量的同种资源。acquire(n) 用于获取 n 个资源，当没有足够的资源时，调用者将被阻塞直到有足够的可用资源。release(n) 用于释放 n 个资源。

QSemaphore 类成员主要函数介绍如下。

- QSemaphore (int n = 0)：建立对象时可以给它 n 个资源，默认为 0。
- void acquire (int n = 1)：获取 1 个资源。
- int available () const：返回在任意时刻可用的资源数目。
- void release (int n = 1)：释放 1 个资源。
- bool tryAcquire (int n = 1)：如果得不到足够的资源会立即返回。
- bool tryAcquire (int n, int timeout)：如果得不到足够的资源会等待 timeout 时间返回。

下面给出实现生产者消费者模型的代码。

```
#include <QtCore/QCoreApplication>
#include <QSemaphore>// 信号量头文件
#include <QThread>
#include <cstdlib>
#include <cstdio>

const int DataSize = 100000; // 数据大小
const int BufferSize = 8192; // 缓存区大小
char buffer[BufferSize];

QSemaphore  production(BufferSize);
QSemaphore  consumption;

class Producer:public QThread
{
```

```
public:
    void run();
};

void Producer::run()
{
    for(int i = 0; i < DataSize; i++)
    {
        production.acquire();// 获取信号量
        buffer[i%BufferSize] = "ACGT"[(int)qrand()%4];// 随机获取一个字母
        consumption.release();// 释放信号量
    }
}

class Consumer:public QThread
{
public:
    void run();

};

void Consumer::run()
{
    for(int i = 0; i < DataSize; i++)
    {
        consumption.acquire();// 获取信号量
        fprintf(stderr, "%c", buffer[i%BufferSize]);
        production.release();// 释放信号量
    }
    fprintf(stderr, "%c", "\n");
}

int main(int argc, char *argv[])
{
    QCoreApplication a(argc, argv);
    Producer productor;
    Consumer consumer;
    producer.start();
    consumer.start();
    producer.wait();
    consumer.wait();

    return a.exec();
}
```

1.6 项目案例 3：文件管理器多文件复制任务同步

在文件管理系统中，使用多线程进行多文件同时复制可以节省复制时间。是否使用多线程进行多文件复制，首先得明确瓶颈在于磁盘 I/O 还是在于调度。如果单线程文件复制

已经占满磁盘 I/O，那么多线程复制速度可能低于单线程文件复制。经验证，在统信 UOS
中进行单线程文件复制并不能占满磁盘 I/O，所以通过多线程调度多文件并发复制，可以有
效地加快复制速度。

1.6.1 线程的使用

复制文件夹这一应用场景符合多线程对多文件同时复制的需求，此处就以复制文件夹
作为应用案例展开分析。

复制文件夹首先需要遍历出文件夹结构，文件夹结构类似于数据结构中的树，遍历文件夹如
同遍历树。使用 Qt 库函数 QFileInfoList QDir::entryInfoList(const QStringList &nameFilters,
QDir::Filters filters = NoFilter, QDir::SortFlags sort = NoSort) const 获取指定目录下的文件夹
和文件列表。调用 entryInfoList 只会获取指定目录下的文件夹和文件列表，并不会获取子文件夹
目录下的文件夹和文件列表。可以通过递归调用的方式遍历子目录，将子目录下的文件夹和文件
列表信息存入队列之中。

主线程函数 copy 是整个复制的入口。要实现复制一系列文件到目标目录或者文件夹，
其中重要的是遍历所有的源文件，即使用函数 doCopy 一个一个地复制源文件到目标目录
或者文件夹，具体代码如下。

```
bool copyFileMoreThread::copy(const QStringList &source_path_list,
                             const QString dst_path)
{
    // 复制
    m_sourcePathList = source_path_list;
    m_dstPath = dst_path;
    InfoPtr dst_info(new QFileInfo(dst_path));

    if (source_path_list.count() > 1 && !dst_info->isDir()) {
        qDebug() << source_path_list << " == " << dst_path;
        return false;
    }
    qDebug() << "start copy " << source_path_list << dst_path;
    if (!dst_info->exists()) {
        // 获取程序当前运行目录
        QString current_path = QCoreApplication::applicationDirPath();
        dst_info->setFile(current_path);
        dst_info->refresh();
    }

    for (auto source_path : m_sourcePathList) {
        InfoPtr info(new QFileInfo(source_path));
        // 所有的线程结束
        if (!info->exists()) {
            quitCopy();
            return false;
        }
        bool ok = doCopy(info,dst_info);
```

```
        if (!ok) {
            quitCopy();
            return ok;
        }
    }
    quitCopy();
    qDebug() << " copy over " << source_path_list;
    return true;
}
```

主线程函数 doCopy 可复制一个文件或者目录到目标文件夹，根据源文件的类型实现相应的复制操作，具体代码如下。

```
bool copyFileMoreThread::doCopy(InfoPtr source, InfoPtr dst)
{
    // 是否是链接文件
    if (source->isSymLink()) {
        return copyLink(source, dst);
    }
    // 是否是目录
    if (source->isDir()) {
        return copyDir(source,dst);
    }
    else {
        // 是文件就获取新目标的名称，将复制信息放入 m_copyFileInfo 链表
        // 启动线程池去复制
        // 目标是一个文件，并且目标文件存在
        if (dst->isFile() && dst->exists()) {
            return false;
        }
        QString new_dst_path = newFileName(source,dst);
        InfoPtr new_dst_info(new QFileInfo(new_dst_path));
        qint8 newcount = 0;
        // 如果文件存在错误，则通过异步阻塞处理，此处未实现，读者可以尝试添加实现
        while(new_dst_info->exists()) {
            new_dst_path = newFileName(source,dst,++newcount);
            new_dst_info->setFile(new_dst_path);
            new_dst_info->refresh();
        }
        QMutexLocker lk(&m_copyFileInfoMutex);
        m_copyFileInfo.push_back(QPair<InfoPtr, InfoPtr>(source,new_dst_info));
        // 启动线程去复制文件
        threadCopyFile();
    }
    return true;
}
```

在主线程执行复制时，如果当前是目录，就调用函数 copyDir。主线程 copyDir 实现目标文件夹的创建，遍历源文件夹并且递归调用 doCopy 来执行每一个文件或者目录的复制，具体代码如下。

```
bool copyFileMoreThread::copyDir(InfoPtr source, InfoPtr dst)
{
    QString dst_path = newFileName(source, dst);
    InfoPtr dst_info(new QFileInfo(dst_path));

    QDir dir(source->absoluteFilePath());
     QFileInfoList file_info_list = dir.entryInfoList(QDir::AllEntries |
                QDir::NoDotAndDotDot | QDir::System | QDir::Hidden);
    // 文件存在错误，通过阻塞进行错误处理，此处没有实现（只是强制合并到同一个文件夹）
    if (dst_info->exists() && dst_info->isFile()) {
        return false;
    }

    if (!dst_info->exists()) {
        if (!QDir::current().mkdir(dst_path)) {
            // 创建目录失败错误处理
            return false;
        }
    }

    m_completeDir.push_back(dst_info->absoluteFilePath());

    for (auto fileinfo : file_info_list) {
        // 排除已经复制过的文件
        if (m_completeDir.contains(fileinfo.absoluteFilePath())) {
            continue;
        }
        InfoPtr info(new QFileInfo(fileinfo.absoluteFilePath()));
        // 递归调用 doCopy 执行文件的复制
        bool ok = doCopy(info,dst_info);
        if (!ok) {
            return false;
        }
    }

    return true;
}
```

1.6.2 线程池的使用

　　线程过多会增加系统调度开销，从而影响系统整体的性能。而线程池维护多个线程，等待分配可并发执行的任务。线程池可减小线程处理短时间任务时创建和销毁线程付出的代价，通过这种机制不仅能保证内核得到充分利用，还能防止过度的系统调度。线程池的线程数量取决于处理器内核和内存等资源，一般以 CPU 内核数量加 2 为宜，因为过多的线程会导致额外的线程切换开销。

　　当线程池中的线程处于非空闲状态时，新加入的任务会被分配到等待队列。只有当线程空闲下来的时候，才会去等待队列里获取未被执行的任务。如果没有任务，线程将进入休眠状态。

　　在对象 copyFileMoreThread 构造时设置线程池的最大线程数量。

```
m_threadPool.setMaxThreadCount(MAX_THREAD_COUNT);
```

函数 threadCopyFile 启动线程池,让线程执行复制。

```
void copyFileMoreThread::threadCopyFile()
{
    if (m_bThreadPoolStart.load()) {
        return;
    }
    for (int i = 0;i < MAX_THREAD_COUNT;++i) {
        m_threadPool.start(new copyFileTask(this));
    }
    m_bThreadPoolStart.store(true);
}
```

1.6.3 线程同步

当一个线程对一个内存地址进行操作时,其他线程不能对这个内存地址进行操作,直到该线程完成操作为止。线程同步的方法有很多,本示例选用互斥量来实现资源上锁。资源上锁主要用于防止多个线程同时访问同一个资源,如图 1-2 所示。

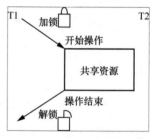

图 1-2 资源上锁

注意 假设 A 线程对 E 资源加锁访问,如果 A 线程对 E 资源未解锁,此时 B 线程尝试加锁,B 线程会被阻塞。C 线程如果不加锁,可以直接访问 E 资源,但会出现数据混乱。

线程任务 copyFileTask 中的 run 是线程执行的核心函数,主要实现获取复制信息,根据复制信息复制文件,具体代码如下。

```
void copyFileTask::run()// 根据复制信息复制文件
{
    if (!m_main) {
        qDebug() << "copyFileMoreThread ptr error";
        return;
    }

    while (!m_quitFlag.load()) {
        QPair<InfoPtr, InfoPtr> copy_info = m_main->getCopyInfo();
    // 获取源文件和目标文件信息的数据
        if (!copy_info.first.data() || !copy_info.second.data()) {
            QThread::msleep(100);// 无法获取则休眠
            continue;
        }
        bool ok = copyFile(copy_info.first,copy_info.second);
        if (!ok) {
            return;
        }
    }
    QPair<InfoPtr, InfoPtr> copy_info = m_main->getCopyInfo();
    while (copy_info.first.data() && copy_info.second.data()) {
```

```
    bool ok = copyFile(copy_info.first,copy_info.second);
    if (!ok) {
        return;
    }
    copy_info = m_main->getCopyInfo();
}


}
```

在每个线程获取复制信息 m_main->getCopyInfo 时，会读取公共资源对象 copyFileMoreThread 的成员变量复制信息 list，所以 getCopyInfo 通过互斥量来保护公共资源，具体代码如下。

```
QPair<InfoPtr, InfoPtr> copyFileMoreThread::getCopyInfo()
{
    QMutexLocker lk(&m_copyFileInfoMutex);
    if (m_copyFileInfo.count() > 0)
    {
        QPair<InfoPtr, InfoPtr> copyinfo = m_copyFileInfo.first();
        m_copyFileInfo.pop_front();
        return copyinfo;
    }
    return QPair<InfoPtr, InfoPtr>(InfoPtr(nullptr),InfoPtr(nullptr));
}
```

在主线程 copyFileMoreThread::doCopy 中复制文件时，也会读取公共资源，具体代码如下。

```
/* 是文件就获取新目标的名称
将复制信息放入 m_copyFileInfo 链表
启动线程池去复制 */
else {
    // 目标是一个文件，并且目标文件存在
    if (dst->isFile() && dst->exists()) {
        return false;
    }
    QString new_dst_path = newFileName(source,dst);
    InfoPtr new_dst_info(new QFileInfo(new_dst_path));
    qint8 newcount = 0;
    // 文件存在错误，则通过异步阻塞处理
    while(new_dst_info->exists()) {
        new_dst_path = newFileName(source,dst,++newcount);
        new_dst_info->setFile(new_dst_path);
        new_dst_info->refresh();
    }
    // 写入公共资源复制信息
    QMutexLocker lk(&m_copyFileInfoMutex);
    m_copyFileInfo.push_back(QPair<InfoPtr, InfoPtr>(source,new_dst_info));
    // 启动线程池去复制
    threadCopyFile();
}
```

第 **2** 章

套接字和网络编程

套接字（Socket）是不同主机上的应用进程之间通过网络进行双向通信的端点，一个套接字就是通信的一端。套接字提供了应用层进程利用网络协议交换数据的机制。网络编程是指编写运行在多个设备（计算机）上的程序，这些设备都通过网络连接起来。网络编程主要的工作就是在发送端把信息通过规定的协议组装成包，在接收端按照规定的协议对包进行解析，从而提取出对应的信息，达到通信的目的。其中主要的工作就是数据包的组装、过滤、捕获和分析。

【目标任务】

掌握常见网络协议，网络编程接口，IP 地址转换，UDP 通信机制与模型，TCP 通信机制、模型与编程等知识。

【知识点】

- 常见网络协议。
- 网络编程接口。
- IP 地址转换。
- UDP 通信机制与模型。
- TCP 通信机制、模型与编程。

【项目实践】

- 项目案例 1：统信 UOS 内网通——聊天室。
- 项目案例 2：统信 UOS 内网通——文件传输。

2.1 常见网络协议

为使不同计算机厂家生产的计算机能相互通信，并在更大范围内建立计算机网络，国际标准化组织（International Organization for Standardization，ISO）在 1978 年提出了开放系统互连参考模型（Open Systems Interconnection Reference Model，OSI-RM，OSI 模型）。OSI 模型将计算机网络体系结构的通信协议划分为七层，自下而上依次为物理层（Physical Layer）、数据链路层（Data Link Layer）、网络层（Network Layer）、传输层（Transport Layer）、会话层（Session Layer）、表示层（Presentation Layer）、应用层（Application Layer）。除了标准的 OSI 七层模型以外，常见的网络层次划分还有 TCP/IP 四层模型以及 TCP/IP 五层模型。

TCP/IP 四层模型各层常见的协议介绍如下。

- 传输层：TCP、UDP。
- 应用层：HTTP、FTP。
- 网络层：IP、ICMP、IGMP。
- 网络接口层：ARP、RARP。

下面对各种协议进行说明。

- TCP（Transmission Control Protocol）：传输控制协议，是一种面向连接的、可靠的、基于字节流的传输层协议。
- UDP（User Datagram Protocol）：用户数据报协议，是 OSI 模型中一种无连接的传输层协议，提供面向事务的简单不可靠信息传送服务。
- HTTP（HyperText Transfer Protocol）：超文本传输协议，是互联网上应用最为广泛的一种协议。
- FTP（File Transfer Protocol）：文件传输协议。
- IP（Internet Protocol）：互联网协议。
- ICMP（Internet Control Message Protocol）：互联网控制报文协议，是 TCP/IP 协议族的一个子协议，用于在 IP 主机、路由器之间传递控制消息。ICMP 是因特网网际组管理协议，是因特网协议家族中的一个组播协议。该协议运行在主机和组播路由之间。
- ARP（Address Resolution Protocol）：地址解析协议，通过已知的 IP 地址，寻找对应主机的 MAC 地址。
- RARP（Reverse Address Resolution Protocol）：反向地址解析协议，通过 MAC 地址确定 IP 地址。
- TFTP（Trivial File Transfer Protocol）：简易文件传送协议，是 TCP/IP 协议族中的一个用来在客户端和服务器之间进行简单文件传输的协议，提供不复杂、开销不大的文件传输协议。

- DHCP（Dynamic Host Configuration Protocol）：动态主机配置协议，是一种让系统得以连接到网络上的，并获取所需的配置参数的手段。
- NAT（Network Address Translation）：网络地址转换，是一种将私有（保留）地址转换为合法 IP 地址的转换技术。

2.2 网络编程接口

QtNetWork 模块提供若干类支持 TCP/IP 客户端和服务器的开发，常用的有如下两大类。

- 低级网络操作：QTcpSocket、QTcpServer、QUdpSocket。
- 高级网络操作：QNetworkRequest、QNetworkReply、QNetworkAccessManager。

Qt 网络编程提供大量的应用程序接口（Application Program Interface，API）用于网络操作。API 为特定的操作和协议提供一个抽象层（如通过 HTTP 收发数据），主要有如下几大核心类。

- QNetworkRequest：网络请求，充当请求关联信息的容器，如请求头、加密等。当请求对象构造时指定了 URL，也就确定了请求协议。目前支持使用 HTTP、FTP以及本地文件 URL 上传下载文件。
- QNetworkReply：请求响应，当用户请求发出后，该对象由 QNetworkAccessManager创建。QNetworkReply 发出的信号可独立地监控每个请求响应，或者用 QNetworkAccessManager 的信号替代。QNetworkReply 是 QIODevice 的子类，因此响应可以被同步或异步处理（阻塞或非阻塞）。
- QNetworkAccessManager：操作管理，请求创建后，管理类会分发请求，然后对外发送信号标识请求进度。还可使用 cookie 在客户端存储数据、请求认证、代理使用。

2.3 IP 地址转换

Qt 提供了几个用于获取主机网络信息的类，包括 QHostInfo、QNetworkInterface、QHostAddress 以及 QNetworkAddress，下面分别说明。

2.3.1 QHostInfo 类

QHostInfo 类提供一系列用于查询主机名的静态函数。

QHostInfo 类利用操作系统所提供的查询机制来查询与特定主机名相关联的主机的 IP地址，或者查询与一个 IP 地址相关联的主机名。这个类提供两个静态的便利函数：一个工作在异步方式下，一旦找到主机就发出一个信号；另一个以阻塞方式工作，最终返回一个 QHostInfo 对象。下面分别对这两种工作方式进行说明。

1. 异步方式

使用异步方式查询主机的 IP 地址需调用 lookupHost 函数，它需要传递 3 个参数，依次是主机名或 IP 地址、接收对象、接收槽函数，并且返回一个查询 ID。可以通过调用以查询 ID 为参数的 abortHostLookup 方法来中止查询。

当得到查询结果后就会调用接收槽函数 printResult，且查询结果被存储到一个 QHostInfo 对象 result 中。可以通过调用 addresses 方法来获得主机的 IP 地址列表，同时可以通过调用 hostName 方法来获得查询的主机名。

如果查询失败，error 返回发生错误的类型。errorString 给出一个能够读懂的查询错误描述。

下面给出了 QHostInfo 异步方式的具体使用代码。

```
MainWindow::MainWindow(QWidget *parent)
    : QMainWindow(parent)
{
    QHostInfo::lookupHost("www.baidu.com",this, SLOT(printResult(QHostInfo)));
}
void MainWindow::printResult(QHostInfo result)
{
    qDebug() << result.hostName();
    QList<QHostAddress> addrList = result.addresses();
    if (!addrList.isEmpty())
    {
        for  (int i = 0; i < addrList.size(); i++)
        {
            qDebug() << addrList.at(i);
        }
    }
}
```

2. 阻塞方式

如果想要使用阻塞方式查询，则需要使用 fromName 函数，该函数可查询给定主机名对应的 IP 地址。此函数在查询期间将被阻塞，这意味着程序执行期间该函数将挂起直到返回查询结果。返回的查询结果存储在 QHostInfo 对象中。

如果传递一个字面 IP 地址给 name 来替代主机名，QHostInfo 将搜索这个 IP 地址对应的域名（QHostInfo 将执行一个反向查询）。如果成功，则返回的 QHostInfo 对象中将包含对应主机名的域名和 IP 地址。

下面给出了 QHostInfo 阻塞方式使用的具体代码。

```
MainWindow::MainWindow(QWidget *parent)
    : QMainWindow(parent)
{

    QHostInfo info = QHostInfo::fromName("www.baidu.com");
    qDebug() << info.addresses();
}
```

使用 QHostInfo 可获取本机主机名和 IP 地址，具体代码如下。

```
// 获取本机的主机名
QString localHostName = QHostInfo::localHostName();
qDebug() <<"localHostName: "<<localHostName; // 计算机名

// 获取本机的 IP 地址
QHostInfo info = QHostInfo::fromName(localHostName);
qDebug() <<"IP Address: "<<info.addresses();
```

2.3.2 QNetworkInterface 类

通过 QNetworkInterface 类可获取本机的 IP 地址和网络接口信息，QNetworkInterface 表示当前程序正在运行时与主机绑定的一个网络接口。每个网络接口可能包含 0 个或者多个 IP 地址，每个 IP 地址都可选择性地与一个子网掩码和（或）一个广播地址相关联。这样的列表可以通过 QNetworkInterface 的 addressEntries 方法获取。如果子网掩码或者广播地址不是必需的，可以使用 allAddresses 函数来仅获取 IP 地址。下面给出了具体使用代码。

```
// 获取所有网络接口的列表
QList<QNetworkInterface> list = QNetworkInterface::allInterfaces();
// 遍历每一个网络接口
foreach(QNetworkInterface interface,list)
{
    qDebug() << "Device: "<<interface.name();  // 设备名
    qDebug() << "HardwareAddress: "<<interface.hardwareAddress();  // 硬件地址

    // 获取 IP 地址条目列表，每个条目中包含一个 IP 地址、一个子网掩码和一个广播地址
    QList<QNetworkAddressEntry> entryList =interface.addressEntries();
    // 遍历每一个 IP 地址条目
    foreach(QNetworkAddressEntry entry,entryList)
    {
        qDebug()<<"IP Address: "<<entry.ip().toString();  //IP 地址
        qDebug()<<"Netmask: "<<entry.netmask().toString(); // 子网掩码
        qDebug()<<"Broadcast: "<<entry.broadcast().toString();  // 广播地址
    }
}
```

2.3.3 QHostAddress 类

QHostAddress 类提供一个 IP 地址，这个类提供一种独立于平台和协议的方式来保存 IPv4 和 IPv6 地址。QHostAddress 通常与 QTcpSocket、QTcpServer、QUdpSocket

一起使用来连接到主机或建立服务器。我们可以通过 setAddress 来设置主机地址，使用 toIPv4Address、toIPv6Address 或 toString 来检索主机地址，通过 protocol 来检查协议类型。

> 注意 QHostAddress 不做域名系统（Domain Name System，DNS）查询。
>
> QHostAddress 类还支持通用的预定义地址：Null、LocalHost、LocalHostIPv6、Broadcast 和 Any。具体代码如下。

```cpp
QList<QHostAddress> list = QNetworkInterface::allAddresses();
foreach (QHostAddress address, list) {
    // 主机地址为空
    if (address.isNull())
        continue;

    qDebug() << "********************";
    QAbstractSocket::NetworkLayerProtocol nProtocol = address.protocol();
    QString strScopeId = address.scopeId();
    QString strAddress = address.toString();
    bool bLoopback = address.isLoopback();

    // 如果是 IPv4
    if (nProtocol == QAbstractSocket::IPv4Protocol) {
        bool bOk = false;
        quint32 nIPV4 = address.toIPv4Address(&bOk);
        if (bOk)
            qDebug() << "IPV4 : " << nIPV4;
    }
    // 如果是 IPv6
    else if (nProtocol == QAbstractSocket::IPv6Protocol) {
        QStringList IPV6List("");
        Q_IPV6ADDR IPV6 = address.toIPv6Address();
        for (int i = 0; i < 16; ++i) {
            quint8 nC = IPV6[i];
            IPV6List << QString::number(nC);
        }
        qDebug() << "IPV6 : " << IPV6List.join(" ");
    }

    qDebug() << "Protocol : " << nProtocol;
    qDebug() << "ScopeId : " << strScopeId;
    qDebug() << "Address : " << strAddress;
    qDebug() << "IsLoopback  : " << bLoopback;
}
```

编译运行程序会得到类似下面的结果。

```
IPV4 : 2886861989
Protocol : QAbstractSocket::NetworkLayerProtocol(IPv4Protocol)
ScopeId : ""
Address : "172.18.4.165"
IsLoopback : false
```

2.3.4 QNetworkAddress 类

QNetworkAddressEntry 类由网络接口支持，存储了一个 IP 地址，同时还有与之相关的子网掩码和广播地址。

下面通过代码说明其用法。

```
QList<QNetworkInterface> list = QNetworkInterface::allInterfaces();
foreach (QNetworkInterface netInterface, list) {
    QList<QNetworkAddressEntry> entryList = netInterface.addressEntries();
    foreach (QNetworkAddressEntry entry, entryList) {  // 遍历每一个 IP 地址
    qDebug() << "********************";
    qDebug() << "IP Address:" << entry.ip().toString();  // IP 地址
    qDebug() << "Netmask:" << entry.netmask().toString();  // 子网掩码
    qDebug() << "Broadcast:" << entry.broadcast().toString();  // 广播地址
    qDebug() << "Prefix Length:" << entry.prefixLength();  // 前缀长度
    }
}
```

代码通过遍历每一个网络接口 QNetworkInterface，根据其 addressEntries 函数可以获取到所有的 QNetworkAddressEntry，然后通过 ip、netmask、broadcast 函数获取对应的 IP 地址、子网掩码以及广播地址。

编译运行后，可得到类似下面的结果。

```
IP Address: "192.168.56.1"
Netmask: "255.255.255.0"
Broadcast: "192.168.56.255"
Prefix Length: 24
```

2.4 UDP 通信机制与模型

UDP 是一个轻量级的、不可靠的、面向数据报的无连接协议。很多人都使用过 QQ，聊天时它就是使用 UDP 进行消息发送的。类似地，如果应用有很多用户、发送的大部分是短消息、要求能及时响应，并且对安全性要求不是很高，在这种情况下可以使用 UDP。

UDP 与 TCP 的主要区别是：UDP 传输的是数据报而不是连续的数据流。数据报是大小有限的数据单元（通常小于 512 字节），除了包含的传输数据外，还包含收发对象的 IP 地址和端口号。

在选择使用协议的时候，选择 UDP 必须要谨慎。在网络质量令人不满意的情况下，UDP 数据包丢失的情况会比较严重。但是由于 UDP 的特性：它不属于连接型协议，但具有资源消耗小、处理速度快的优点，所以通常音频、视频和普通数据在传送时使用 UDP 较多，因为它们即使偶尔丢失少量的数据包，也不会对接收结果产生太大影响。所以对保密要求并不太高的应用就是使用的 UDP。当可靠性不是很重要而速度很重要时，可使用该

协议。例如，服务器选择 UDP 报告每天的时间，如果其间某个数据包丢失，客户端可另外请求数据。

在 Qt 中使用 QUdpSocket 类来实现 UDP 通信，它从 QAbstractSocket 类继承，因而与 QTcpSocket 共享大部分的接口函数。主要区别是 QUdpSocket 以数据报传输数据，而不是连续的数据流。QUdpSocket 类允许收发数据包。一般使用逻辑过程如下：QUdpSocket::bind 接收传入的数据包；接收到数据包后，QUdpSocket:: readyRead 信号调用 QUdpSocket::readDatagram 读取数据。

2.5 项目案例 1：统信 UOS 内网通——聊天室

内网通是一个在局域网环境下进行通信的软件，可以实现用户自动发现、聊天、文件传输等功能。下面通过该案例介绍 UDP 编程。统信 UOS 内网通的聊天室主界面如图 2-1 所示，聊天窗口如图 2-2 所示。

图 2-1 聊天室主界面

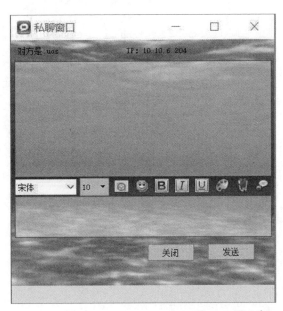

图 2-2 聊天窗口

在主窗口类的构造函数中创建 UDP 服务器，其主要代码如下。

```cpp
Widget::Widget(QWidget *parent) :
    QMainWindow(parent),
    ui(new Ui::Widget)
{
    ui->setupUi(this);

    this->setWindowTitle(" 局域网即时通信 00");
```

```
        // 头像选择窗口
        portrait_win=new Portrait(this);
        connect(portrait_win,SIGNAL(get_new_tx(QString)),this,
                SLOT(update_tx(QString)));

        // 创建 UDP 服务器
         udpSocket = new QUdpSocket(this);
         port = 8000;
         udpSocket->bind(port, QUdpSocket::ShareAddress | QUdpSocket::ReuseAddressHint);
         connect(udpSocket, SIGNAL(readyRead()), this, SLOT(read_message()));
```

创建 udpSocket 对象后，调用它的 bind 方法绑定监听的端口为 8000，然后连接 udpSocket 对象的 readyRead 信号到自定义的槽函数 read_message。当 udpSocket 接收到数据时会产生 readyRead 信号，在 read_message 槽函数中对数据进行处理。

下面是 read_message 槽函数的实现，主要代码如下。

```
// 接收 UDP 信息
void Widget::read_message()
{
    while(udpSocket->hasPendingDatagrams())
    {
        QByteArray datagram;
        datagram.resize(udpSocket->pendingDatagramSize());
        // 接收数据
        udpSocket->readDatagram(datagram.data(), datagram.size());

        QDataStream in(&datagram, QIODevice::ReadOnly);

        int messageType;
        QString userName,ipAddress,message;
        QString serverAddress;
        QString clientAddress, fileName;
        QString myAddress;
        int flag;
        QString update_msg;
        QString portrait_path2;
        QString friend_status;

        time = QDateTime::currentDateTime().toString("yyyy-MM-dd hh:mm:ss");

        in >> messageType;

        // 根据消息类型处理不同的数据
        switch(messageType)
        {
        case Message:  // 群聊消息
            //in >> userName >>ipAddress>>clientAddress>>message;
            in >> userName>>clientAddress>>message;
            if(map.contains(clientAddress))// 与其他不同，用 ALL 代替 clientAddress
```

```
        {
            if(map[clientAddress]->isHidden())
              {
                map[clientAddress]->raise();
                map[clientAddress]->show();
              }
        }
        else
        {
            double_chat *dou_chat_win=new double_chat(this);
            map.insert(clientAddress,dou_chat_win);
            dou_chat_win->show();
            dou_chat_win->set_name_ip(userName,clientAddress);// 与其他不同
            //dou_chat_win->set_name_ip("ALL","ALL");
            connect(dou_chat_win,SIGNAL(send_message(QString,QString)),
                    this,SLOT(send_chat_message(QString,QString)));
            connect(this,SIGNAL(get_target_message(QString,QString,QString)),
                    dou_chat_win,SLOT(show_target_message(QString,QString,QString)));
        }
        emit get_target_message(userName,clientAddress,message);
        break;

    case Online:    // 用户上线
        in >>userName >>ipAddress>>portrait_path2>>friend_status;
        user_online(userName,ipAddress,portrait_path2,friend_status);
        break;

    case Offline:    // 用户下线
        in >>userName>>ipAddress;
        user_offline(userName,ipAddress);
        break;

    case FileName:    // 传输文件
        in >> userName >> ipAddress;
        in >> clientAddress >> fileName;
        show_fileName(userName, ipAddress, clientAddress, fileName);
        break;

    case Refuse:      // 拒绝接收文件
        in >> userName;
        in >> serverAddress;
        myAddress = getIP();
        if(myAddress == serverAddress)
          {
                ser_window->refused();
          }
        break;

    case AskChat:    // 请求聊天

        in>>userName>>ipAddress>>clientAddress;
        myAddress = getIP();
```

```
            if(myAddress == clientAddress)
            {
                QMessageBox::StandardButton button;
                button=QMessageBox::question(this,tr("AskChat"),
                        QString(tr("%1-- 请求与你聊天 ").arg(userName)),
                        QMessageBox::Yes|QMessageBox::No);
                if(button==QMessageBox::No)
                {
                    send_chat_msg(RefuseChat,ipAddress);
                }
                else if(button==QMessageBox::Yes)
                {
                    send_chat_msg(PermitChat,ipAddress);

                    double_chat *dou_chat_win=new double_chat(this);
                    map.insert(ipAddress,dou_chat_win);
                    dou_chat_win->show();
                    dou_chat_win->set_name_ip(userName,ipAddress);
                    connect(dou_chat_win,SIGNAL(send_message(QString,QString)),
                            this,SLOT(send_chat_message(QString,QString)));
                    connect(this,SIGNAL(get_target_message(QString,QString,
                            QString)),dou_chat_win,
                            SLOT(show_target_message(QString,QString,QString)));
                }
            }
        break;

    case PermitChat:    // 允许聊天
        in>>userName>>ipAddress>>clientAddress;
        myAddress = getIP();
        if(myAddress == clientAddress)
        {
            QMessageBox::information(0,"msg",tr("%1-- 同意了你的聊天请求！ ").
                                arg(userName),QMessageBox::Ok);
            double_chat *dou_chat_win=new double_chat(this);
            map.insert(ipAddress,dou_chat_win);
            dou_chat_win->show();
            dou_chat_win->set_name_ip(userName,ipAddress);
            connect(dou_chat_win,SIGNAL(send_message(QString,QString)),this,
                    SLOT(send_chat_message(QString,QString)));
            connect(this,SIGNAL(get_target_message(QString,QString,QString)),
                    dou_chat_win,
                    SLOT(show_target_message(QString,QString,QString)));
        }
        break;

    case ChatMessage:    // 聊天
        in>>userName>>ipAddress>>clientAddress>>message;
        myAddress = getIP();
        if(myAddress == clientAddress)
        {
            emit get_target_message(userName,ipAddress,message);
```

```
        }
        break;

    case RefuseChat:    // 拒绝聊天
        in>>userName>>clientAddress;
        myAddress = getIP();
        if(myAddress == clientAddress)
        {
            QMessageBox::information(0,"msg",tr("%1-- 拒绝了你的聊天请求！")).
                                        arg(userName),QMessageBox::Ok);
        }
        break;

    case Update:       // 更新用户信息
        in >>userName >>ipAddress>>flag>>update_msg;
        update_setting(userName,ipAddress,flag,update_msg);
        break;
        }
    }
}
```

在上面的代码中，首先定义一个 QByteArray datagram 对象，用于存放接收到的数据。然后使用 udpSocket->readDatagram(datagram.data(), datagram.size()) 语句将收到的数据保存到上面定义的 datagram 中。再使用 QDataStream in(&datagram, QIODevice::ReadOnly) 将保存的数据封装成一个输出流对象。通过 in >> messageType 获取消息类型，最后根据不同的消息类型进行不同的处理。

send_chat_msg 方法负责不同消息的发送，代码如下。

```
// 发消息
void Widget::send_chat_msg(MessageType type,QString serverAddress,int flag)
{
    QByteArray data;
    QDataStream out(&data, QIODevice::WriteOnly);

    QString address =getIP();
    QString user_name=getUserName();
    QString clientAddress;

    out << type <<user_name;

    switch(type)
    {
    case Message : // 群聊消息
        // out << address <<serverAddress<<f_msg;
        out <<serverAddress<<f_msg;
        break;

    case Online:   // 上线
        out << address<<portrait_path<<user_status;
        break;
```

```
        case Offline:    // 下线
            out<<address;
            break;

        case FileName:    // 发送文件
            row = ui->userTableWidget->currentRow();// 必须选中需要发送给谁才可以发送
            clientAddress = ui->userTableWidget->item(row, 2)->text();
            out << address << clientAddress << send_name;
            break;

        case Refuse:      // 拒绝接收文件
            out << serverAddress;
            break;

        case AskChat:     // 聊天请求
            out<<address<<serverAddress;
            // 提示语句
            break;

        case PermitChat:    // 允许聊天
            out<<address<<serverAddress;
            break;

        case ChatMessage:    // 聊天
            out<<address<<serverAddress<<chat_message;
            break;

        case RefuseChat:    // 拒绝聊天
            out<<serverAddress;
            break;

        case Update:        // 更新用户信息
            out<<address<<flag;
            if(flag==1 || flag==2)
            {
                out<<user_status;
            }
            else if(flag==3)
            {
                out<<portrait_path;
            }
            break;
    }

    // 广播 UPD 消息
    udpSocket->writeDatagram(data,data.length(),QHostAddress::Broadcast,8000);
}
```

代码中首先创建 QByteArray data 用于保存要发送的数据，然后用 QDataStream out(&data, QIODevice::WriteOnly) 将数据封装成输入流对象，并根据不同的消息类型，通过输入流对象把数据存放到 data 中，最后调用 udpSocket->writeDatagram(data,data.length(),QHostAddress::Broadcast,8000) 将消息在局域网内进行广播。

2.6 TCP 通信机制、模型与编程

TCP 是被大多数网络协议使用的低级别协议，如 HTTP/FTP。它是可靠的、面向流的、面向连接的传输协议，特别适合连续的数据传输。QTcpSocket 类为 TCP 提供若干接口。可用 QTcpSocket 实现标准网络协议，如 POP3、SMTP、NNTP、自定义协议等。

在开始数据转移前，转移方需要与远程主机和端口建立 TCP 连接。一旦建立了连接，对方的 IP 地址和端口可通过 QTcpSocket::peerAddress 和 QTcpSocket::peerPort 获取。在任意时刻，对方可以关闭连接，此时数据转移会立即终止。

QTcpSocket 以异步的方式工作，并通过发送信号报告状态的改变及错误，类似于 QNetworkAccessManager。通过事件循环检测输入数据，并自动刷新输出数据。可使用 QTcpSocket::write 往套接字中写入数据，使用 QTcpSocket::read 读取套接字中的数据。QTcpSocket 有两个独立的数据流：读和写。由于 QTcpSocket 继承自 QIODevice，因此它可以和 QTextStream、QDataStream 一起使用。当从 QTcpSocket 读取数据时，可调用 QTcpSocket::bytesAvailable 确保有足够的数据。

QTcpServer 类处理接收到的 TCP 连接。一般使用过程如下：调用 QTcpServer::listen 启动服务端并监听；每当接收到客户端的请求，就会发送 QTcpServer::newConnection 信号；在槽函数中，调用 QTcpServer::nextPendingConnection 接受请求，并用返回的 QTcpSocket 与客户端通信。

使用 QTcpSocket 类与客户端建立 TCP 连接。一般使用过程如下：调用 QTcpSocket::connectToHost 连接到主机，连接 readyRead 信号槽，在槽函数中与服务端交互。

尽管 QTcpSocket 的大部分函数以异步方式工作，但仍可用同步的方式处理（阻塞）。为了以阻塞方式处理，需调用 QTcpSocket 的 waitFor 系列函数，它会挂起调用线程直到结束信号被发送。例如，调用非阻塞函数 QTcpSocket::connectToHost 时，调用 QTcpSocket::waitForConnected 阻塞线程直到 connected 信号被发送。QTcpSocket 的 waitFor 系列函数的弊端也很明显：当发生阻塞时，事件不会被处理，如果在 GUI 线程中，这会阻塞应用程序的界面。因此，推荐在非 GUI 线程中使用同步套接字（同步处理时，QTcpSocket 无须事件循环）。

2.7 项目案例 2：统信 UOS 内网通——文件传输

统信 UOS 内网通可以进行文件的传输，发送文件的界面如图 2-3 所示。

图 2-3 发送文件的界面

Server_window 类负责文件的发送，Client_window 类负责文件的接收。文件发送的具体代码如下。

```
Server_window::Server_window(QWidget *parent) :
    QMainWindow(parent),
    ui(new Ui::Server_window)
{
    ui->setupUi(this);

    // 创建 tcpServer
    tcp_port=7777;
    tcpServer=new QTcpServer(this);
    connect(tcpServer,SIGNAL(newConnection()),this,SLOT(send_message()));

    move ((QApplication::desktop()->width() - width())*3/4,
          (QApplication::desktop()->height() - height())/2);

    init_socket();
}
```

在 Server_window 类的构造函数中创建一个 QTcpServer 对象 tcpServer，然后连接 tcpServer 的信号 newConnection 到自定义的槽函数 send_message。newConnection 信号在接收到一个新的客户端连接的时候被发送。

在单击"send"按钮时会调用 on_send_button_clicked 方法，使用 tcpServer->listen(QHostAddress::Any,tcp_port) 方法，tcpServer 开始监听 7777 端口，等待客

户端的连接，代码如下。

```cpp
void Server_window::on_send_button_clicked()
{
    // 服务器开始监听
    if(tcpServer->listen(QHostAddress::Any,tcp_port)==true)
    {
        qDebug()<<"listen OK";
    }
    else
    {
        qDebug()<<"listen error";
        this->close();
        return;
    }

    ui->send_button->setEnabled(false);
    ui->status_label->setText(tr("等待对方接收..."));

    // 发送信号
    emit GetFileName(theFileName);

}
```

send_message 槽函数负责和客户端进行通信，代码如下。

```cpp
void Server_window::send_message()
{
    qDebug()<<"接收到新的连接";
    tcpSocket = tcpServer->nextPendingConnection();// 用来获取一个已连接的 tcpSocket
    connect(tcpSocket,SIGNAL(bytesWritten(qint64)),this,
            SLOT(update_progress(qint64)));

    ui->status_label->setText(tr("传送的文件是 - %1 ! ").arg(theFileName));

    // 打开发送的文件
    localFile = new QFile(fileName);

    if(!localFile->open((QFile::ReadOnly)))
    {
        QMessageBox::warning(this, tr("应用程序"), tr("无法读取文件 aa"));
        return;
    }

    // 发送文件大小
    TotalSize = localFile->size();// 文件总大小
    TotalSize+=theFileName.size();
    ui->progressBar->setMaximum(TotalSize);
    time.start();
    DataSize_toSend = TotalSize-tcpSocket->write((char *)&TotalSize,sizeof(qint64));

}
```

调用 tcpServer->nextPendingConnection 获取到和客户端连接的套接字对象

tcpSocket，然后连接 tcpSocket 对象的信号 bytesWritten 到自定义的槽函数 update_progress。信号 bytesWritten 在发送数据时被触发。update_progress 槽函数进行下一步处理。Total Size-tcpSocket->write((char *)&TotalSize,sizeof(qint64)) 会先把文件的大小发送给客户端，代码如下。

```cpp
void Server_window::update_progress(qint64 tmpbytes)
{
    DataSize_hasSend += (int)tmpbytes;

    // 发送数据
    if(DataSize_toSend > 0)
    {
        data_block = localFile->read(qMin(DataSize_toSend,data_block_size));
        DataSize_toSend -= (int)tcpSocket->write(data_block);
        data_block.resize(0);
    }
    else
    {
        localFile->close();
    }

    // 更新 UI
    ui->progressBar->setValue(DataSize_hasSend);

    float have_use_time = time.elapsed();
    double speed = DataSize_hasSend / have_use_time;
    ui->status_label->setText(tr(" 已发送 %1MB (%2MB/s) \n 共 %3MB
                                已用时 :%4 秒 \n 估计剩余时间: %5 秒 ")
                              .arg(DataSize_hasSend / (1024*1024))// 已发送
                              .arg(speed*1000/(1024*1024),0,'f',2)// 速度
                              .arg(TotalSize / (1024 * 1024))// 总大小
                              .arg(have_use_time/1000,0, 'f',0)// 用时
                              .arg(TotalSize/speed/1000 - have_use_time/1000,0,
                                'f',0));// 剩余时间
    if(DataSize_hasSend == TotalSize)
        ui->status_label->setText(tr(" 传送文件 %1 成功 ").arg(theFileName));
}
```

update_progress 会分块读取要发送的文件，并将文件不断发送给客户端，直到文件发送完成。在发送过程中同步更新界面中的控件，显示发送的进度。

当单击 "close" 按钮时会关闭当前的 TCP 服务器，代码如下。

```cpp
void Server_window::on_close_button_clicked()
{
    // 关闭 TCP 服务器
    if(tcpServer->isListening())
    {
        // 当 TCP 服务器正在监听时，关闭 TCP 服务器应用，即单击 "close" 按钮时就不监听 TCP 请求了
        tcpServer->close();
```

第 2 章 套接字和网络编程

```
            if (localFile->isOpen())// 如果所选择的文件已经打开，则关闭
                localFile->close();

            tcpSocket->abort();
    }

    // 发送信号
    emit send_next_file();

    this->close();// 关闭本 UI，即本对话框

}
```

下面是文件接收的过程，代码如下。

```
Client_window::Client_window(QWidget *parent) :
    QMainWindow(parent),
    ui(new Ui::Client_window)
{
    ui->setupUi(this);

    TotalSize = 0;
    DataSize_Received = 0;
    fileNameSize = 0;
    ui->progressBar->reset();// 进度条复位

    // 创建 QTcpSocket
    tcpClient = new QTcpSocket(this);
    tcpPort = 7777; // 服务器端口
    connect(tcpClient, SIGNAL(readyRead()), this, SLOT(readMessage()));

    // 移动窗口位置
    move ((QApplication::desktop()->width() - width())*1/4,
        (QApplication::desktop()->height() - height())/2);
}
```

在 Client_window 的构造函数中创建 QTcpSocket 的对象 tcpClient，连接 tcp Client 对象的信号 readyRead 到自定义的槽函数 readMessage。信号 readyRead 接收到数据时被触发，代码如下。

```
// 读取数据
void Client_window::readMessage()
{
        ui->status_label->setText(tr(" 正在接收文件 ...."));

        // 获取总的字节数
        if(TotalSize==0)
        {
            tcpClient->read((char *)&TotalSize,sizeof(qint64));
            tcpClient->flush();
            ui->progressBar->setMaximum(TotalSize);
```

035

```
                    DataSize_Received=sizeof(qint64);
            }

            // 接收数据
            if(DataSize_Received < TotalSize)
            {
                rec_data=tcpClient->readAll();
                DataSize_Received+=rec_data.size();

                ui->progressBar->setValue(DataSize_Received);

                float have_use_time = time.elapsed();
                double speed = DataSize_Received / have_use_time;
                ui->status_label->setText(tr(" 正在接收文件 ...\n 已接收  %1MB    共 %2MB  \n
                            已用时 :%3 秒   还需要: %4 秒 ")
                                            .arg(DataSize_Received / (1024*1024))
                                            .arg(TotalSize / (1024 * 1024))// 总大小
                                            .arg(have_use_time/1000,0,'f',0)// 用时
                                            .arg(TotalSize/speed/1000 - have_use_
                                                time/1000,0,'f',0));// 剩余时间

                // 保存数据到文件
                if(localFile->write(rec_data)==-1)
                 {
                    qDebug()<<"write datagram error";
                 }
                rec_data.resize(0);
            }

            // 数据接收完毕
            if(DataSize_Received==TotalSize)
            {
                localFile->close();
                tcpClient->close();
                ui->status_label->setText(tr(" 接收文件完毕 "));
            }

        }
```

先使用 tcpClient->read((char *)&TotalSize,sizeof(qint64)) 接收要传输的文件总的大小，然后使用 rec_data=tcpClient->readAll 分块接收发送过来的文件数据。在接收过程中同步更新界面中的控件，显示接收的进度。

第 **3** 章

D-Bus 进程间通信

    D-Bus 是针对桌面环境优化的进程间通信（InterProcess Communication，IPC）机制，用于进程间的通信或进程与内核的通信。最基本的 D-Bus 协议是一对一的通信协议，但在很多情况下，通信的一方是消息总线。消息总线是一个特殊的应用，可同时与多个应用通信，并在应用之间传递消息。

【目标任务】

    掌握 D-Bus 的概念、熟悉 QtDBus 常用类、掌握 D-Bus 调试工具以及统信 UOS 磁盘管理器实现过程。

【知识点】

- D-Bus 简介。
- QtDBus 常用类。
- D-Bus 调试工具。

【项目实践】

- 项目案例：统信 UOS 磁盘管理器。

3.1 D-Bus 简介

D-Bus 是一种高级的进程间通信机制，由 freedesktop.org 项目提供，使用 GPL（GNU General Public License，GNU 通用公共许可协议）发行。D-Bus 最主要的用途是在 Linux 桌面环境中为进程提供通信服务，同时能将 Linux 桌面环境和 Linux 内核事件作为消息传递到进程。注册后的进程可通过总线接收或传递消息，进程也可注册后等待内核事件响应，例如等待网络状态的转变或者计算机发出关机指令。目前，D-Bus 已被大多数 Linux 发行版采用，开发者可使用 D-Bus 完成各种复杂的进程间通信任务。

D-Bus 分为以下两种类型。

- 系统总线（System Bus）：用于系统（例如 Linux 等）和用户程序之间的通信和消息传递。
- 会话总线（Session Bus）：用于桌面（例如 GNOME、KDE 等）用户程序之间的通信。

一般用到的是会话总线。在建立基于 D-Bus 的连接时需要选择建立系统总线连接还是会话总线连接。

D-Bus 是一个消息总线系统，其功能已涵盖进程间通信的所有需求，并具备一些特殊的用途。D-Bus 是三层架构的进程间通信系统，三层架构介绍如下。

- 接口层：由函数库 libdbus 提供，进程可通过该函数库使用 D-Bus。
- 总线层：实际上由 D-Bus 守护进程提供。它在 Linux 系统启动时运行，负责进程间的消息路由和传递，其中包括 Linux 桌面环境和 Linux 内核的消息传递。
- 封装层：一系列基于特定应用程序框架的 Wrapper 库，将 D-Bus 底层接口封装成方便用户使用的通用 API。

在 Qt 中使用 D-Bus 的封装层 libdbus-qt。QtDBus 模块提供使用 Qt 信号槽机制扩展的接口。要使用 QtDBus 模块，需要在代码中加入以下内容。

```
#include <QtDBus>
```

如果使用 qmake 构建程序，需在工程配置文件中增加如下代码来链接 QtDBus 库。

```
QT += qdbus
```

D-Bus 提供一种基于几种原生类型与在数组和结构中的原生类型组成的复合类型的扩展类型系统。QtDBus 模块通过 QDBusArgument 类可实现类型系统，允许用户通过总线发送和接收每一种 C++ 类型。

Qt 数据类型与 D-Bus 类数据类型的对应关系如表 3-1 所示。

表 3-1　Qt 数据类型与 D-Bus 类数据类型的对应关系

Qt 数据类型	D-Bus 类数据类型
uchar	BYTE
bool	BOOLEAN
short	INT16
ushort	UINT16
int	INT32
uint	UINT32
qlonglong	INT64
qulonglong	UINT64
double	DOUBLE
QString	STRING
QDBusVariant	VARIANT
QDBusObjectPath	OBJECT_PATH
QDBusSignature	SIGNATURE

除了原生类型，QDBusArgument 也支持在 Qt 应用中广泛使用的两种非原生类型：QStringList 和 QByteArray。

D-Bus 指定由原生类型聚合而成的 3 种复合类型：ARRAY、STRUCT 和 maps/dictionaries。

- ARRAY：0 个或多个相同元素的集合。
- STRUCT：由不同类型的固定数量的元素组成的集合。
- maps/dictionaries：元素对的数组，一个 map 中可以有 0 个或多个元素。

为了在 QtDBus 模块使用自定义类型，自定义类型必须使用 QDECLAREMETATYPE 声明为 Qt 元类型（MetaType），使用 qDBusRegisterMetaType 函数注册。流操作符会被注册系统自动找到。

QtDBus 模块为 Qt 容器类使用数组提供模板特化，例如 QMap 和 QList，不必实现流操作符函数。对于其他的类型，流操作符必须显示实现。

3.2 QtDBus 常用类

QtDBus 经常用到的类主要有以下几种。

1. QDBusMessage

QDBusMessage 类表示 D-Bus 发送或接收的一个消息。

QDBusMessage 对象代表总线上 4 种消息类型中的一种，4 种消息类型分别是 Method calls、Method return values、Signal emissions、Error codes。

可以使用静态函数 createError、createMethodCall、createSignal 创建消息，使用 QDBusConnection::send 函数发送消息。

2. QDBusConnection

QDBusConnection 代表到 D-Bus 的一个连接，是一个 D-Bus 会话的起始点。通过 QDBusConnection 连接对象，可以访问远程对象、接口，连接远程信号到本地槽函数，注册对象等。

D-Bus 连接通过 connectToBus 函数创建，connectToBus 函数会创建一个到总线服务端的连接，完成初始化工作，并关联一个连接名到连接。

使用 disconnectFromBus 函数会断开连接。一旦断开连接，调用 connectToBus 函数将不会重建连接，必须创建新的 QDBusConnection 实例后才能创建连接。

D-Bus 支持点对点通信，不必使用总线服务。两个应用程序可以直接交流和交换消息。

D-Bus 中主要用到的 QDBusConnection 相关函数如下。

- QDBusConnection connectToBus(BusType type, const QString & name)：打开一个 type 类型的连接，并关联 name 连接名，返回关联本连接的 QDBusConnection 对象。
- QDBusConnection connectToBus(const QString & address, const QString & name)：打开一个地址为 address 的私有总线，并关联 name 连接名，返回关联本连接的 QDBusConnection 对象。
- QDBusConnection connectToPeer(const QString & address, const QString & name)：打开一个点对点的连接到 address，并关联 name 连接名，返回关联本连接的 QDBusConnection 对象。
- void disconnectFromBus(const QString & name)：关闭名为 name 的总线连接。
- void disconnectFromPeer(const QString & name)：关闭名为 name 的对等连接。
- QByteArray localMachineId()：返回一个 D-Bus 知道的本机 ID。
- QDBusConnection sender()：返回发送信号的连接。
- QDBusConnection sessionBus()：返回一个打开到会话总线的 QDBusConnection 对象。

- QDBusConnection systemBus()：返回一个打开到系统总线的 QDBusConnection 对象。
- QDBusPendingCall asyncCall(const QDBusMessage & message, int timeout = -1)const：发送 message（消息）到连接，并立即返回。本函数只支持 method 调用。返回一个用于追踪应答的 QDBusPendingCall 对象。
- QDBusMessage call(const QDBusMessage & message, QDBus::CallMode mode = QDBus::Block, int timeout = -1) const：通过本连接发送 message，并且阻塞，等待应答。
- bool registerObject(const QString & path, QObject * object, RegisterOptions options = ExportAdaptors)：注册 object 对象到路径 path，options 选项指定有多少对象会被暴露到 D-Bus，如果注册成功，返回 true，否则返回 false。
- bool registerService(const QString & serviceName)：试图在 D-Bus 上注册 serviceName 服务，如果注册成功，返回 true；如果该服务名已经在其他应用被注册，则注册失败。

3. QDBusInterface

QDBusInterface 类是远程对象接口的代理。

QDBusInterface 是一种通用的访问器类，用于调用远程对象，连接到远程对象导出的信号，获取 / 设置远程属性的值。当没有生成表示远程接口的生成代码时，QDBusInterface 类对远程对象的动态访问非常有用。

调用一般通过使用 call 函数来实现。call 函数可构造消息，通过总线发送消息，等待应答并解码应答。信号使用 QObject::connect 函数进行连接。最终，使用 QObject::property 和 QObject::setProperty 函数对属性进行访问。

4. QDBusReply

QDBusReply 类用于存储对远程对象的方法调用的应答。

一个 QDBusReply 对象的一个子集是 QDBusMessage 对象，表示一个方法调用的答复。QDBusReply 对象只包含第一个输出参数或错误代码，并由 QDBusInterface 派生类使用，以允许将错误代码返回，具体使用参考如下。

```
QDBusReply<QString> reply = interface->call("RemoteMethod");
 if (reply.isValid())
     // 使用返回值
     useValue(reply.value());
 else
     // 调用失败，显示错误条件
     showError(reply.error());
```

对于没有输出参数或返回值的远程调用，使用 isValid 函数测试应答是否成功。

5. QDBusAbstractAdaptor

QDBusAbstractAdaptor 类使用 D-Bus Adaptor 基类。

QDBusAbstractAdaptor 类是使用 D-Bus 向外部提供接口所有对象的起点。该类的对象可将一个或多个派生自 QDBusAbstractAdaptor 的类附加到一个普通 QObject 对象上，通过 QDBusConnection::registerObject 注册 QObject 对象即可。QDBusAbstractAdaptor 是一个轻量级封装，主要用于中继调用实际对象及其信号。

每个 QDBusAbstractAdaptor 派生类都应该使用类定义中的 Q_CLASSINFO 宏来定义 D-Bus 接口。注意，这种方式只有一个接口可以公开。

QDBusAbstractAdaptor 使用信号、槽、属性的标准 QObject 机制来决定哪些信号、槽、属性被公开到总线。QDBusAbstractAdaptor 派生类发送的信号通过 D-Bus 连接自动中继到注册的对象上。

QDBusAbstractAdaptor 派生类对象必须使用 new 创建在堆上，不必由用户删除。

6. QDBusAbstractInterface

QDBusAbstractInterface 类是 QtDBus 模块中允许访问远程接口的所有 D-Bus 接口的基类。

自动生成的代码类也继承自类 QDBusAbstractInterface，此处描述的所有方法在生成的代码类中也有效。除了此处的描述之外，生成的代码类也为远程方法提供了成员函数，这些成员函数允许在编译时检查参数和返回值的正确性，以及匹配的属性类型和匹配的信号参数。

```
QDBusPendingCall asyncCall(const QString & method,
                           const QVariant & arg1 = QVariant(),
                           const QVariant & arg2 = QVariant(),
                           const QVariant & arg3 = QVariant(),
                           const QVariant & arg4 = QVariant(),
                           const QVariant & arg5 = QVariant(),
                           const QVariant & arg6 = QVariant(),
                           const QVariant & arg7 = QVariant(),
                           const QVariant & arg8 = QVariant())
```

调用本接口中的方法，传递参数到远程的方法。

要调用的参数会通过 D-Bus 输入参数传递到远程的方法，返回的 QDBusPendingCall 对象用于定义应答信息。该函数最多有 8 个参数，如果参数多于 8 个，或是需传递可变数量的参数，可使用 asyncCallWithArgumentList 函数，参考代码如下。

```
QString value = retrieveValue();
QDBusPendingCall pcall = interface->asyncCall(QLatin1String("Process"), value);

QDBusPendingCallWatcher *watcher = new QDBusPendingCallWatcher(pcall, this);
```

```
QObject::connect(watcher, SIGNAL(finished(QDBusPendingCallWatcher*)),
                 this, SLOT(callFinishedSlot(QDBusPendingCallWatcher*)));
```

7. QDBusArgument

QDBusArgument 类用于整理和分发 D-Bus 参数，通过 D-Bus 发送参数到远程应用，并接收返回。

QDBusArgument 是 QtDBus 类型系统的核心类，QtDBus 类型系统用于解析原生类型，而复合类型可以通过在数组、词典或结构中使用一个或多个原生类型创建。

下列的代码展示了使用 QtDBus 类型系统构造一个包含整数和字符串的结构。

```
struct MyStructure
 {
    int count;
    QString name;
 };
 Q_DECLARE_METATYPE(MyStructure)
// 将 MyStructure 数据打包成 D-Bus 参数
QDBusArgument &operator<<(QDBusArgument &argument, const MyStructure &mystruct)
{
    argument.beginStructure();
    argument << mystruct.count << mystruct.name;
    argument.endStructure();
    return argument;
}

// 从 D-Bus 参数中查找 MyStructure 数据
const QDBusArgument &operator>>(const QDBusArgument &argument,
                                MyStructure &mystruct)
{
    argument.beginStructure();
    argument >> mystruct.count >> mystruct.name;
    argument.endStructure();
    return argument;
}
```

在 QDBusArgument 使用这个结构前，必须使用 qDBusRegisterMetaType 函数进行注册。因此，在程序中应该增加如下代码。

```
qDBusRegisterMetaType<MyStructure>();
```

一旦完成类型注册，该类型就可以接收来自注册对象的信号，或者对远程应用的传入调用通过呼出方法进行调用（例如使用 QDBusAbstractInterface::call）。

8. QDBusConnectionInterface

QDBusConnectionInterface 类提供对 D-Bus 服务端的访问。

D-Bus 服务端提供了一个特殊的接口 org.freedesktop.DBus，允许客户端运行访问总线的某些属性，例如当前连接的客户端列表。

QDBusConnectionInterface 类提供对 org.freedesktop.DBus 接口的访问。该类中十分常用的是使用 registerService 和 unregisterService 在总线上注册和注销服务名。QDBusConnectionInterface 类定义了 4 个信号，在总线上有服务状态变化时发送，这 4 个信号介绍如下。

- void callWithCallbackFailed(const QDBusError & error, const QDBusMessage & call)：当 QDBusConnection.callWithCallback 调用失败的时候发出。
- void serviceOwnerChanged(const QString & name, const QString & oldOwner, const QString & newOwner)：当总线中的服务所有者发生改变时发出。
- void serviceRegistered(const QString & serviceName)：当应用获取服务给出服务名 serviceName（唯一连接名或已知服务名）时，D-Bus 服务器将发出此信号。
- void serviceUnregistered(const QString & serviceName)：当此应用失去 serviceName 给定的总线服务名所有权时，D-Bus 服务器将发出此信号。

9. QDBusVariant

QDBusVariant 类使程序员能够识别由 D-Bus 类型系统提供的 Variant 类型。一个使用整数、D-Bus 变体类型和字符串作为参数的 D-Bus 函数可以使用如下参数列表调用。

```
QList<QVariant> arguments;
arguments << QVariant(42) << QVariant::fromValue(QDBusVariant(43)) <<
               QVariant("hello");
myDBusMessage.setArguments(arguments);
```

当 D-Bus 函数返回一个 D-Bus 变体类型时，可以通过如下方法获取。

```
// 调用 D-Bus 来返回 D-Bus 变量
QVariant v = callMyDBusFunction();
// 检索 D-Bus 变量
QDBusVariant dbusVariant = qvariant_cast<QDBusVariant>(v);
// 检索 D-Bus 变量中存储的实际值
QVariant result = dbusVariant.variant();
```

QDBusVariant 中的 QVariant 需要区分一个正常的 D-Bus 值和一个 QDBusVariant 中的值。

3.3 D-Bus 调试工具

常用的 D-Bus 调试工具有 qdbusviewer、qdbuscpp2xml、qdbusxml2cpp 等，下面对这些工具进行简要介绍。

1. qdbusviewer

qdbusviewer 用于查看 D-Bus 上的服务、对象、接口以及接口的方法。

使用方法为直接在命令行执行 qdbusviewer。

2. qdbuscpp2xml

qdbuscpp2xml 会解析 QObject 派生类的 C++ 头文件或源文件，生成 XML 文件。qdbuscpp2xml 会区分函数的输入 / 输出，如果参数声明为 const，则是输入，否则可能会被当作输出。

qdbuscpp2xml 使用语法如下。

```
qdbuscpp2xml [options...] [files...]
```

options 相关参数介绍如下。

- –p|–s|–m：分别表示只解析脚本化的属性、信号、方法（槽函数）。
- –P|–S|–M：分别表示解析所有的属性、信号、方法（槽函数）。
- –a：输出所有的脚本化内容，等价于 –psm。
- –A：输出所有的内容，等价于 –PSM。
- –o filename：输出内容到 filename 文件。

例如，解析所有的方法并输出到 com.scorpio.test.xml 文件的命令如下。

```
qdbuscpp2xml -M test.h -o com.scorpio.test.xml
```

3. qdbusxml2cpp

qdbusxml2cpp 根据输入文件中定义的接口，生成 C++ 实现代码。qdbusxml2cpp 可以辅助自动生成继承自 QDBusAbstractAdaptor 和 QDBusAbstractInterface 两个类的实现代码，用于进程通信服务端和客户端，简化了开发者的代码设计。

qdbusxml2cpp 使用语法如下。

```
qdbusxml2cpp [options...] [xml-or-xml-file] [interfaces...]
```

options 相关参数介绍如下。

- –a filename：输出 Adaptor 代码到 filename。
- –c classname：使用 classname 作为生成类的类名。
- –i filename：增加 #include 到输出。
- –l classname：当生成 Adaptor 代码时，使用 classname 作为父类。
- –m：在 CPP 文件中包含 #include "filename.moc" 语句。
- –N：不使用名称空间。
- –p filename：生成 Proxy 代码到 filename 文件。

例如，解析 com.scorpio.test.xml 文件，生成 Adaptor 类 ValueAdaptor，文件名称为 valueAdaptor.h、valueAdaptor.cpp 的命令如下。

```
qdbusxml2cpp com.scorpio.test.xml -i test.h -a valueAdaptor
```

解析 com.scorpio.test.xml 文件，生成 Proxy 类 ComScorpioTestValueInterface，文件名称为 testInterface.h、testInterface.cpp 的命令如下。

```
qdbusxml2cpp com.scorpio.test.xml -p testInterface
```

3.4 项目案例：统信 UOS 磁盘管理器

统信 UOS 磁盘管理器是一个用于对磁盘进行管理的系统工具，可以查看磁盘的详细信息，也可以对磁盘进行管理，包括创建分区、删除分区等。统信 UOS 磁盘管理器的界面如图 3-1 所示。

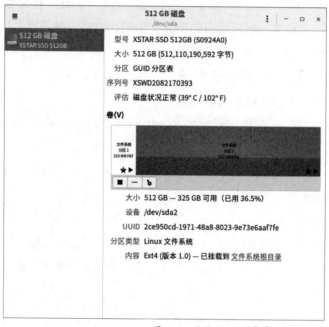

图 3-1　统信 UOS 磁盘管理器的界面

在统信 UOS 的磁盘管理器中，对磁盘进行的相关操作需要和很多系统服务进行通信，通信机制就是 D-Bus 进程间通信机制。下面说明在统信 UOS 磁盘管理器中 D-Bus 的使用，具体代码如下。

```cpp
//  qDebug() << "write log to" << Dtk::Core::DLogManager::getlogFilePath();
QDBusConnection systemBus = QDBusConnection::systemBus();
if (!systemBus.registerService(DiskManagerServiceName)) {
    qCritical() << "registerService failed:" << systemBus.lastError();
    exit(0x0001);
}
DiskManager::DiskManagerService service;
qDebug() << "systemBus.registerService success" /*<< Dtk::Core::DLogManager::
            getlogFilePath()*/;
```

```
    if (!systemBus.registerObject(DiskManagerPath,&service,
        QDBusConnection::ExportAllSlots | QDBusConnection::ExportAllSignals)) {
        qCritical() << "registerObject failed:" << systemBus.lastError();
        exit(0x0002);
    }
    return a.exec();
```

在上面的代码中首先创建 QDBusConnection 的对象 systemBus，该对象是一个系统总线 D-Bus 连接对象。该对象首先使用 systemBus.registerService 注册磁盘管理服务，然后创建一个 DiskManagerService 磁盘管理服务类的对象 service，并调用 systemBus.registerObject 将 service 对象注册到服务中。

注册成功后，可以通过 D-FEET 工具查看相应服务路径下的各个方法，如图 3-2 所示。

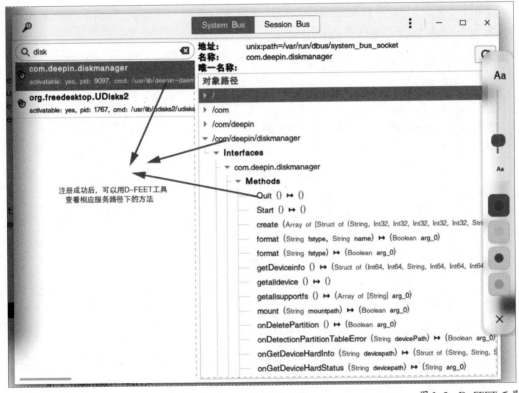

图 3-2 D-FEET 工具

DMDBusInterface 类是封装好的磁盘管理 D-Bus 服务接口类，界面会通过这个类调用 D-Bus 服务中的相关方法。

```
/* com.deepin.diskmanager 接口的代理类 */
class DMDBusInterface : public QDBusAbstractInterface
{
    Q_OBJECT
public:
```

```
    /* @brief 获取 D-Bus 名称       */
    static inline const char *staticInterfaceName()
    {
        return "com.deepin.diskmanager";
    }
public:
    DMDBusInterface(const QString &service, const QString &path,
                    const QDBusConnection &connection, QObject *parent = nullptr);
    ~DMDBusInterface();
public Q_SLOTS: // 方法
    /* @brief 退出服务      */
    inline QDBusPendingReply<> Quit()
    {
        QList<QVariant> argumentList;
        return asyncCallWithArgumentList(QStringLiteral("Quit"), argumentList);
    }
```

DMDbusHandler 是数据接口类，在这个类中会通过上面定义的 DMDbusInterface 类和 D-Bus 进行通信，具体代码如下。

```
#include "dmdbusinterface.h"
#include <QObject>
#include <QDebug>
#include <QDBusConnection>
/* @class DMDbusHandler * @brief 数据接口类 */
class DMDbusHandler : public QObject
{
    Q_OBJECT
public:
    static DMDbusHandler *instance(QObject *parent = nullptr);
    ~DMDbusHandler();
    /* @brief 开启服务      */
    void startService(qint64 applicationPid);
    /* @brief 关闭服务      */
    void Quit();
    /* @brief 刷新      */
```

下面是 DMDbusHandler 类中 instance 方法的部分内容。

```
    m_dbus = new DMDBusInterface("com.deepin.diskmanager", "/com/deepin/diskmanager",
                        QDBusConnection::systemBus(), this);
    // 注意：当处理远程对象创建 QDBusInterface 时，不能确定它是否总存在
    if (!m_dbus->isValid() && !m_dbus->lastError().message().isEmpty()) {
        qDebug() << "m_dbus isValid false error:" << m_dbus->lastError() <<
                    m_dbus->lastError().message();
    }
    qDebug() << "m_dbus isValid true";
    initConnection();
//  m_dbus->Start();
```

首先实例化一个 DMDBusInterface 类对象 m_dbus，然后验证 m_dbus 是否有效并且有无错误发生。调用 initConnection 方法初始化 D-Bus 连接。最后调用 m_dbus

的 start 方法启动。

　　下面的代码是通过 D-Bus 查询磁盘信息数据的过程，如图 3-3 所示。

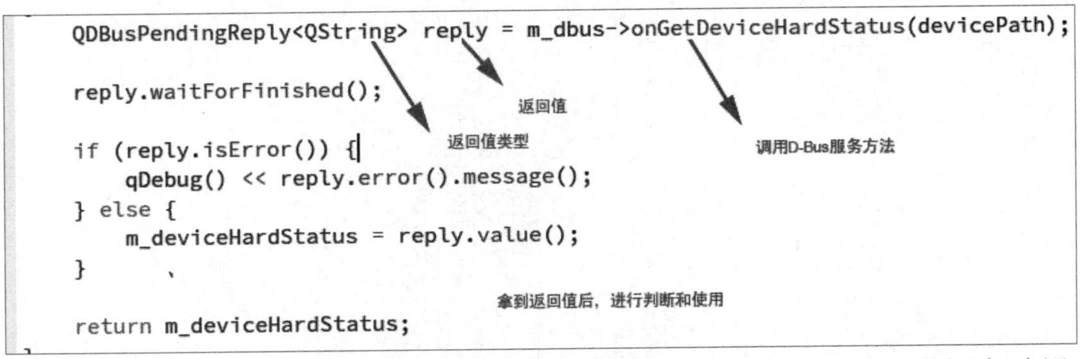

```
QDBusPendingReply<QString> reply = m_dbus->onGetDeviceHardStatus(devicePath);

reply.waitForFinished();                    返回值

if (reply.isError()) {          返回值类型              调用D-Bus服务方法
    qDebug() << reply.error().message();
} else {
    m_deviceHardStatus = reply.value();
}
                          拿到返回值后，进行判断和使用
return m_deviceHardStatus;
```

图 3-3　通过 D-Bus 查询磁盘信息数据

通过 m_dbus 调用 onGetDeviceHardStatus 服务方法，此方法返回一个 QDBus
Pending Reply 类型的延迟响应对象。然后调用 reply 的 waitForFinished 方法等待数
据返回，并通过 reply 的 isError 判断通信过程中有无错误发生。有错误就输出错误信息，
如果没有错误，则通过 reply 的 value 获取返回的数据。

第 **4** 章

数据库操作

数据库是按照数据结构来组织、存储和管理数据的"仓库",是一个长期存储在计算机内,有组织、可共享、统一管理的大量数据的集合。本章主要介绍 Qt 对 SQLite 和 MySQL 数据库的操作。

【目标任务】

掌握 Qt 对 SQLite 和 MySQL 数据库的操作。

【知识点】

● Qt 操作 SQLite 数据库。

● Qt 操作 MySQL 数据库。

【项目实践】

● 项目案例 1:统信 UOS 联系人——SQLite 存储用户信息。

● 项目案例 2:统信 UOS 联系人——MySQL 存储用户信息。

4.1 Qt 操作 SQLite 数据库

SQLite 是一款轻型数据库，是一个关系数据库管理系统，遵守数据库事务正确执行的 4 个基本要素 ACID——原子性（Atomicity，A）、一致性（Consistency，C）、隔离性（Isolation，I）、持久性（Durability，D），被包含在一个相对小的库中，是理查德·希普（D Richard Hipp）建立的公有领域项目，其设计目标是嵌入式领域，目前很多嵌入式产品都使用了该数据库。SQLite 占用资源非常少，在嵌入式设备中，可能只需要几百千字节的内存就够了。它能够支持 Windows、Linux、UNIX 等主流操作系统，同时能够和很多程序语言相结合，比如 Tcl、C#、PHP、Java 等，还有 ODBC（Open DataBase Connectivity，开放式数据库连接）接口。相对 MySQL、PostgreSQL 这两种开源的数据库管理系统而言，SQLite 处理速度更快。

Qt 中的 Qt SQL 模块提供对 SQLite 数据库的支持，该模块中的众多类基本上可以分为 3 个层，如表 4-1 所示。

表 4-1　Qt SQL 模块的类分层

层	类
用户接口层	QSqlQueryModel、QSqlTableModel 和 QSqlRelationalTableModel
SQL 接口层	QSqlDatabase、QSqlQuery、QSqlError、QSqlField、QSqlIndex 和 QSqlRecord
驱动层	QSqlDriver、QSqlDriverCreator < T >、QSqlDriverCreatorBase、QSqlDriverPlugin 和 QSqlResult

其中，驱动层为具体的数据库和 SQL 接口层提供底层的桥梁；SQL 接口层提供对数据库的访问，其中的 QSqlDatabase 类用来创建连接，QSqlQuery 类可以使用 SQL 语句实现与数据库交互，其他几个类对该层提供支持；用户接口层的几个类用于实现将数据库中的数据链接到窗口部件上，这些类是使用模型 / 视图框架实现的，它们是更高层次的抽象，用户即便不熟悉 SQL 也可以操作 SQLite 数据库。如果要使用 QtSql 模块中的这些类，需要在项目文件（PRO 文件）中添加 QT += sql 这一行代码。

1. QSqlDatabase

QSqlDatabase 类可实现数据库连接的操作。QSqlDatabase 创建连接数据库实例，一个 QSqlDatabase 实例代表一个数据库的连接。Qt 提供对不同数据库的驱动支持。

要查询相关的驱动是否已经安装，可以用以下的程序进行验证。

```
#include <QtCore/QCoreApplication>
#include <QSqlDatabase>
#include <QDebug>
#include <QStringList>
int main(int argc, char *argv[])
```

```
{
    QCoreApplication a(argc, argv);

    qDebug()<<"Available drivers:";

    QStringList drivers = QSqlDatabase::drivers();
    foreach(QString driver, drivers)
        qDebug() <<"/t" << driver;

    return a.exec();
}
```

连接数据库参考代码如下。

```
QSqlDatabase db = QSqlDatabase::addDatabase("QSQLITE");  // 采用 QSQLite 数据库
db.setDatabaseName(":memory:");   // 设置数据库名
db.open();   // 打开数据库连接
db.close(); // 释放数据库
```

因为是本地数据库，SQLite 数据库在连接时不需要设置主机名、用户名和密码，只需要设置数据库名。数据库名为 :memory:，表示这是建立在内存中的数据库，也就是说该数据库只在程序运行期间有效。如果需要保存该数据库文件，可以将它更改为实际的文件路径，代码如下。

```
m_DataBase.setDatabaseName(QCoreApplication::applicationDirPath()+"/"+ name+".db");
```

db.open 打开数据库成功后，就可以使用数据库了。数据库连接也是一种资源，在不需要使用数据库时最好通过 db.close 把数据库连接关闭，释放数据库连接。

2．QSqlQuery

QSqlQuery 类提供执行和操作 SQL 语句的方法。QSqlQuery 封装了在 QSqlDatabase 上执行的 SQL 查询中创建、导航和检索数据所涉及的功能。它可以用来执行 DML（Data Manipulation Language，数据操作语言）语句，如 SELECT、INSERT、UPDATE、DELETE 等，以及 DDL（Data Description Language，数据描述语言）语句，如 CREATE TABLE 等。它也可以用来执行非标准 SQL 的特定于数据库的命令，例如 PostgreSQL 的 SET DATESTYLE = ISO。

成功执行的 SQL 语句将查询的状态设置为 active，以便 isActive 返回 true；否则查询的状态设置为 inactive。在任何一种情况下，执行新的 SQL 语句时，查询都被定位在 invalid 的记录上。必须将活动查询导航到有效记录（以便 isValid 返回 true），然后才能检索其值，参考代码如下。

```
QSqlQuery query;
// 以下执行相关 SQL 语句
// 新建 student 表，id 设置为主键，还有一个 name 项
query.exec("create table student(id int primary key,name varchar)");
```

```
// 向表中插入 3 条记录
query.exec("insert into student values(1,'xiaogang')");
query.exec("insert into student values(2,'xiaoming')");
query.exec("insert into student values(3,'xiaohong')");
```

使用查询语句时会返回记录结果集，使用以下函数可导航结果集中的记录。

- next：向前。
- previous：向后。
- first：第一个。
- last：最后一个。
- seek：搜索。

这些函数可以在结果集中向前、向后或任意移动。如果只需要在结果中前进（例如使用 next），则可以使用 setForwardOnly，这将节省大量的内存开销并提高某些数据库的性能。一旦查询定位在实际的数据上，就可以使用 value 来检索数据。所有数据都使用 QVariants 从 SQL 后端传输，参考代码如下。

```
query.exec("select * from student");
while(query.next())
{
    // 返回 name 字段的索引值 justin，value(i) 返回 i 字段的值，0 表示 name，1 表示 age
    QString name = query.value(0).toString();
    int id = query.value(1).toInt();
    qDebug() << id << name;
}
```

4.2 项目案例 1：统信 UOS 联系人——SQLite 存储用户信息

通信录可用于存储大量的个人联系信息，并可执行分类管理。而且通讯录在操作上非常简便，图 4-1 所示为统信 UOS 联系人存储用户信息页面的效果。

下面对存储用户信息功能进行介绍。因为完成数据存储需要用到数据库的功能，所以在程序最开始加载的时候，进行数据库的关联工作。当然在关联之前，必须完成对应的数据库以及数据表的创建，这部分可以通过 SQL 语句完成操作，这里不再赘述。而数据库的关联工作可以通过以下代码实现。

```
void Widget::init_dataBase(){
    QSqlDatabase database;
    database = QSqlDatabase::addDatabase("QSQLITE");
    database.setDatabaseName("uoser.db");
    if (!database.open())
    {
        qDebug() << "Error: Failed to connect database.";
```

```
        }
        else
        {
            qDebug() << "Succeed to connect database." ;
        }
    }
```

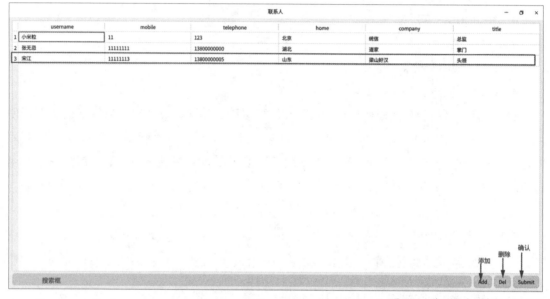

图 4-1　存储用户信息页面的效果

　　关联工作完成之后，就可以进行数据的相关操作。从图 4-1 也可以看到，页面上可操作的部分主要有文本框、"Add"按钮、"Del"按钮以及"Submit"按钮，文本框以及这几个按钮分别关联着不同的动作来完成对应的操作。该页面一共涉及 6 个函数，以下一一讲解。

1. void Contact::init_form_data

　　该函数完成页面以及数据的初始化操作，并对相关空间做了布局处理。其中需要注意的是，_model = new QSqlTableModel 创建一个表格的数据模型，_view = new QTableView 创建一个表格对象，通过 _view->setModel(_model) 将表格与数据模型进行关联，通过 _model->setTable("tcontact") 将表格视图与数据表进行关联。这样在页面中对表格进行相应的操作，其关联的数据表也会完成对应的操作，这点区别于之前直接使用 SQL 语句对数据库进行增、删、改、查，这就是在 Qt 中数据库使用的方便之处，但其本质没有区别，只是 Qt 中的操作被委托在数据模型中进行。

　　页面中还使用了页面布局，将相关控件加入布局中，这样在页面尺寸变化的时候，就不用对具体控件进行位置调整。QVBoxLayout* vBox = new QVBoxLayout(this) 创建一个垂直布局对象，可以让垂直方向上的控件上下排列；QHBoxLayout* hBox = new QHBoxLayout 创建一个水平方向的布局对象，可以让水平方向上的控件进行左右排列；vBox->addLayout(hBox) 可以将布局对象加入其他布局中，hBox->addWidget (_del = new QPushButton("Del")) 也可以将需要的控件放到布局中。除了这些之外，布局还有很多其他的接口，比如 addStretch 添加可伸缩空间，addSpacing(int size) 添加固定间距，setStretchFactor(QWidget *w, int stretch) 设置拉伸系数，setDirection(QBoxLayout::RightToLeft) 设置布局方向等。由于其他章节已经讲过类似内容，这里不再赘述。代码在结尾的地方调用了函数 slotModelDataChanged(QModelIndex(), QModelIndex())。

2. void Contact::slotModelDataChanged(QModelIndex,QModelIndex)

该函数中实现的业务是通过数据模型遍历所有数据，因此在文本框输入的时候，可以动态自动展示所有包含关键字的数据。QStringList strList 用于存储所有包含关键字的字符串，for(int i=0; i<_model->rowCount(); ++i) 对所有数据进行遍历操作，strList << var.toString() 将对应数据存储到 strList 中，QCompleter* completer=new QCompleter(strList) 基于现有数据创建自动补全对象，_filter->setCompleter(completer) 设置文本框的自动补全。这样在文本框进行输入操作的时候，就会通过数据模型进行动态查询，将对应数据以下拉列表的方式展示。

3. void Contact::slotFilterChanged(QString filter)

该函数是文本框关联的函数，只要文本框的内容发生变更，该函数就会被触发，其实现的主要业务是动态地刷新表格中的数据。首先通过 if(filter.isEmpty()) 对输入内容为空的情况做了处理，然后通过 for(int i=0; i<record.count(); ++i) 对数据模型中的所有数据进行遍历，modelFilter += subFilter 将对应数据关联存储，_model->setFilter(modelFilter) 进行数据模型过滤器的设置，_model->select 选择过滤后的数据。

4. void Contact::on_add_clicked

该函数对应页面上的"Add"按钮，实现的主要业务是在数据表中添加新行，_model->insertRecord(-1, record) 中 -1 表示在最后一行，如果写 0 则表示在第一行，一般情况下都使用 -1 进行操作。

5. void Contact::on_del_clicked

该函数主要实现删除选中数据的操作。其中 QItemSelectionModel * selectModel = _view->selectionModel() 获取被选中行对应的数据模型，QModelIndexList selectList = selectModel->selectedIndexes() 通过选中的数据结构获取这些表的 ModelIndex，_model->removeRow(row) 完成对应行的删除，删除之后不要忘记用 _model->submitAll 提交数据，完成数据更新。

6. void Contact::on_submit_clicked

该函数比较简单，只实现 _model->submitAll 数据的更新。如果提交失败，则给出消息框提示。

存储用户信息的代码如下。

```cpp
//contact.h
#include <QWidget>
#include <QtSql/QSqlTableModel>
#include <QTableView>
#include <QLineEdit>
#include <QPushButton>
class Contact : public QWidget
{
    Q_OBJECT
public:
    explicit Contact(QWidget *parent = nullptr);
    QSqlTableModel* _model;
    QTableView* _view;
    QLineEdit* _filter;
    QPushButton* _add;
    QPushButton* _del;
    QPushButton* _reset;
    QPushButton* _submit;
    void init_form_data();
signals:
public slots:
    void slotModelDataChanged(QModelIndex,QModelIndex);
    void slotFilterChanged(QString filter);
    void on_add_clicked();
    void on_del_clicked();
    void on_submit_clicked();
    void init_database();
};
//contact.cpp
#include "contact.h"
#include <QVBoxLayout>
#include <QHBoxLayout>
#include <QSqlRecord>
#include <QSqlError>
#include <QCompleter>
#include <QDebug>
#include <QMessageBox>
#include <QHeaderView>

Contact::Contact(QWidget *parent) : QWidget(parent)
{
    // 设置窗口尺寸
    this->setFixedSize(800,300);
    init_form_data();
}
```

```cpp
// 初始化页面及数据
void Contact::init_form_data(){
    this->setWindowTitle(" 联系人 ");
    _model = new QSqlTableModel();
    _view = new QTableView;
    _view->horizontalHeader()->setSectionResizeMode(QHeaderView::Stretch);
    _view->setModel(_model);
    _view->setSelectionBehavior(QAbstractItemView::SelectRows);
    _model->setTable("tcontact");
    _model->setEditStrategy(QSqlTableModel::OnManualSubmit);

    connect(_model, SIGNAL(dataChanged(QModelIndex,QModelIndex)),
            this, SLOT(slotModelDataChanged(QModelIndex,QModelIndex)));
    _model->select();
    //  页面布局
    QVBoxLayout* vBox = new QVBoxLayout(this);
    vBox->addWidget(_view);

    QHBoxLayout* hBox = new QHBoxLayout;
    vBox->addLayout(hBox);

    hBox->addWidget(_filter = new QLineEdit, 1);
    hBox->addWidget(_add=new QPushButton("Add"));
    hBox->addWidget(_del=new QPushButton("Del"));

    hBox->addWidget(_submit=new QPushButton("Submit"));

    connect(_filter, SIGNAL(textChanged(QString)),
            this, SLOT(slotFilterChanged(QString)));
    connect(_add,SIGNAL(clicked()),this,SLOT(on_add_clicked()));
    connect(_del,SIGNAL(clicked()),this,SLOT(on_del_clicked()));
    connect(_submit,SIGNAL(clicked()),this,SLOT(on_submit_clicked()));

    slotModelDataChanged(QModelIndex(), QModelIndex());
}
// 过滤器关联函数
void Contact::slotFilterChanged(QString filter)
{
    if(filter.isEmpty())
    {
        _model->setFilter("");
        _model->select();
        return;
    }
    //用户名或者密码类似的过滤器
    QSqlRecord record = _model->record();
    QString modelFilter;
    for(int i=0; i<record.count(); ++i)
    {
        if(i!=0)
        {
            modelFilter += " or ";
```

```
        }
        QString field = record.fieldName(i);
        QString subFilter = QString().sprintf("%s like '%%%s%%' ",
                            field.toUtf8().data(), filter.toUtf8().data());
        //qDebug() << subFilter;
        modelFilter += subFilter;
    }
    qDebug() << modelFilter;
    _model->setFilter(modelFilter);
    _model->select();
}

// 添加关联函数
void Contact::on_add_clicked(){
    QSqlRecord record = _model->record();
    _model->insertRecord(-1, record);
}
// 删除关联函数
void Contact::on_del_clicked(){
    // 通过 _view 获取被选中的部分的数据 model
    QItemSelectionModel * selectModel = _view->selectionModel();
    // 通过选中的数据结构，获取这些表的 ModelIndex
    QModelIndexList selectList =  selectModel->selectedIndexes();
    QList<int> delRow;

    // 遍历这些表的每行，获取表的当前行，因为可能存在相同的行，所以要去重
    for(int i=0; i<selectList.size(); ++i)
    {
        QModelIndex index = selectList.at(i);
        //_model->removeRow(index.row());
        delRow << index.row();
    }
    while(delRow.size() > 0)
    {
        int row = delRow.at(0);
        delRow.removeAll(row);
        _model->removeRow(row);
    }
    _model->submitAll();
}
// 提交关联函数
void Contact::on_submit_clicked(){
    if(!_model->submitAll())
    {
        QMessageBox::critical(this, "Error", QSqlDatabase().lastError().text());
    }
}
// 图表关联数据模型
void Contact::slotModelDataChanged(QModelIndex,QModelIndex)
{
    QStringList strList;
    for(int i=0; i<_model->rowCount(); ++i)
```

```
    {
        QSqlRecord record = _model->record(i);
        for(int j=0; j<record.count(); ++j)
        {
            QVariant var = record.value(j);
            if(var.isNull()) continue;
            strList << var.toString();
        }
    }
    qDebug() << strList;
    QCompleter* completer=new QCompleter(strList);
    _filter->setCompleter(completer);
}
```

4.3 Qt 操作 MySQL 数据库

一般情况下，Qt 默认有 SQLite 数据库的驱动，但没有 MySQL 数据库的驱动，在统信 UOS 下，可以使用如下的命令安装 MySQL 数据库。

```
sudo apt install libqt5sql5-mysql
```

定义函数 createConnection 连接 MySQL 数据库。

```
static bool createConnection()
{
    QSqlDatabase db = QSqlDatabase::addDatabase("QMYSQL");
    db.setHostName("localhost");
    db.setDatabaseName("mydata");          // 输入数据库名
    db.setUserName("root");
    db.setPassword("");    // 输入密码
    if (!db.open()) {
        QMessageBox::critical(0, QObject::tr("无法打开数据库"),
        "无法创建数据库连接！", QMessageBox::Cancel);
        return false;
    }
}
```

在 Qt 连接到 MySQL 数据库后，可使用 SQL 语句来操作数据库。可通过独有的机制来避免使用 SQL 语句，提供更简单的数据库操作和数据显示模型，分别是只读的 QSqlQueryModel、操作单表的 QSqlTableModel 以及可以支持外键的 QSqlRelationalTableModel。

首先新建 QSqlQueryModel 类对象模型（Model），并用 setQuery 函数执行 SQL 语句（"select * from student"）; 来查询整个 student 表的内容，可以看到，该类并没有完全避免 SQL 语句。然后设置表中属性显示时的名字。最后建立一个视图 view，并将这个模型关联到视图中，这样数据库中的数据就能在窗口上的表中显示出来了。下面的语句用于获取模型的行数、列数，以及读取相关的记录和记录的属性值。

```
QSqlQueryModel *model = new QSqlQueryModel;
model->setQuery("select * from student");
model->setHeaderData(0, Qt::Horizontal, tr("id"));
model->setHeaderData(1, Qt::Horizontal, tr("name"));
QTableView *view = new QTableView;
view->setModel(model);
view->show();
int column = model->columnCount(); // 获得列数
int row = model->rowCount();      // 获得行数
QSqlRecord record = model->record(1); // 获得一条记录
QModelIndex index = model->index(1,1);   // 获得一条记录的一个属性的值
```

Qt 提供操作单表的 QSqlTableModel，如果需要对表的内容进行修改，那么可以直接使用这个类。

```
model = new QSqlTableModel(this);
model->setTable("student");
model->setEditStrategy(QSqlTableModel::OnManualSubmit);
model->select(); // 选取整个表的所有行
// model->removeColumn(1); // 不显示 name 属性列，如果这时添加记录，则该属性的值添加不上
ui->tableView->setModel(model);
// ui->tableView->setEditTriggers(QAbstractItemView::NoEditTriggers);// 使其不可编辑
```

可以看到，这个模型已经完全脱离 SQL 语句，只需要执行 select 函数就能查询整个表。

4.4 项目案例 2：统信 UOS 联系人——MySQL 存储用户信息

该部分功能与 SQLite 的使用方式一样，唯一的区别在于之前关联的数据库是 SQLite，而在这里使用 QSqlDatabase::addDatabase("QMYSQL") 关联 MySQL，其他完全一致，在这里不重复描述，其中有区别的代码如下。

```
void Widget::init_dataBase(){
    QSqlDatabase database;
    database = QSqlDatabase::addDatabase("QMYSQL");
    database.setDatabaseName("uoser");
    database.setHostName("127.0.0.1");
    database.setPort(3306);
    database.setUserName("uos");
    database.setPassword("");

    if (!database.open())
    {
        qDebug() << "Error: Failed to connect database.";
    }
    else
```

```
    {
        qDebug() << "Succeed to connect databse." ;
    }
}
```

第 **5** 章

Qt 高级特性的使用

在实际的开发过程中，不仅有基础功能方面的要求，本章将会分别介绍 Qt 的插件系统、Qt 单元测试和 polkit 鉴权系统等方面的内容，并就这几个方面展开介绍如何在 Qt 开发中进行优化和设计，以满足程序在扩展性、安全性、可靠性等方面的要求。

【目标任务】

掌握 Qt 的插件系统、Qt 单元测试和 polkit 鉴权系统等概念和具体使用方法，重点掌握 Qt 插件系统以及为程序编写测试程序。

【知识点】

- Qt 插件系统。
- Qt 单元测试。
- polkit 鉴权系统。

【项目实践】

- 项目案例 1：统信 UOS 画板——支持插件的画板程序。
- 项目案例 2：为程序编写测试程序。
- 项目案例 3：系统环境变量修改器。

5.1 Qt 插件系统

插件作为扩展程序最常见的方式之一，为软件开发提供了极大的便利，它主要有以下几个优点。

- 扩展性，程序可以动态地得到扩展功能，而无须重新开发和编译。
- 模块化，主程序和插件主要通过接口进行沟通，可保证两个模块间尽可能少耦合，使程序架构清晰。
- 合理分工，主程序的开发者和每个插件的开发者可以是不同的人或团队，这有利于并行协作和合理分工。

基于以上优点，一些比较大型的项目，如 Chrome、Firefox，甚至 Linux 内核都提供了各式各样的插件机制。Qt 作为一个功能丰富的跨平台开发库，也提供非常方便的扩展接口，为应用软件的开发和扩展提供便利，这主要表现在两个方面。

一是 Qt 提供了一套完整的插件开发框架。这套框架包含插件识别、元数据提供、插件加载、插件销毁等，应用开发者可以根据自己的需要对应用中需要扩展的部分进行封装，根据需要灵活进行插件的加载和编排，从而实现扩展程序。例如统信 UOS 的任务栏定义了托盘插件的接口，与系统设置相关的托盘由任务栏自身提供，磁盘挂载的插件则由文件管理器提供。这样既可以满足系统挂载插件显示在任务栏的需求，也可以保证任务栏项目中不需要混入与挂载相关的大量代码。

二是 Qt 本身支持使用插件进行扩展。Qt 本身的很多功能，包括数据库驱动、图像格式、文本编码、自定义风格，甚至跨平台支持等，都是基于插件完成的。这些插件接口在开发框架的基础上进行了一定的封装，定义了不同类型插件需要提供的不同接口。通过这些插件接口，开发者可以方便地开发各种各样的扩展功能。统信 UOS 中使用的输入法框架 Fcitx，就是通过 Qt 的输入法插件接口，为基于 Qt 的应用程序提供统一的输入法。

应用开发者主要使用的是 Qt 提供的插件开发框架，以实现应用功能的扩展。因此，对于扩展 Qt 本身的插件这里不再做详细介绍。另外，需要说明的是，Qt 提供静态插件和动态插件两种使用方式，分别对应静态库和动态库，这里提到的插件主要指动态插件。

Qt 的插件系统使用起来非常方便，相较于使用纯粹的 C++ 动态库来说，无须过多关心底层的符号加载、查找等。另外，插件通过额外的基于 JSON 的元数据，可提供强大的静态数据信息。

创建和使用插件，从主程序和插件两个角度看，分别有不同的工作需要完成；对于主程序来说，需要注意以下几点：

- 定义接口类；
- 通过 Q_DECLARE_INTERFACE 宏来声明插件接口；

- 使用 QPluginLoader 加载插件，加载成功后通过 QPluginLoader::instance 来获取插件实例；
- 通过 qobject_cast 将加载的插件实例转换成需要的接口类型来使用。

需要注意的是，接口类必须是纯虚类，否则在插件加载的过程中可能出现"符号未定义"的错误。

以上主程序的工作完成以后，对于插件来说，它需要完成的工作有：

- 创建一个基于 QObject 的类，同时实现插件接口中定义的函数；
- 使用 Q_INTERFACES 宏声明插件类实现了哪些已经定义的接口；
- 同样，在插件类中，使用 Q_PLUGIN_METADATA 宏声明插件的元数据信息（元数据以 JSON 文件的方式提供）。

可以看到，在一个插件系统中，接口是主程序和插件之间用来交互的桥梁，也是一个插件系统的核心。接口定义合理，才容易保持稳定，插件开发才能发挥真正的力量。相反，如果插件接口更换比较频繁，插件的开发者会逐渐失去耐心，导致插件系统失去实际的意义。

了解了以上信息，接下来完成一个实例，以说明如何在实际的应用场景中使用 Qt 插件系统。

5.2 项目案例 1：统信 UOS 画板——支持插件的画板程序

在这个实例中，将制作一个非常简单的"画板"程序，这个程序本身只提供画布和画笔，实际的绘画操作则由插件来完成。用户运行程序后，程序首先显示一个背景为黑色的窗口，用户可以通过右击打开快捷菜单，选择图形画笔进行图形绘制。其中每个画笔都是一个插件，用户可增加或者删除一个插件，重新启动程序后，菜单中的菜单项会相应地增加或者减少。

5.2.1 创建项目

首先，创建一个名为 ch06_drawing、类型为子目录项目（subdirs 项目）的项目，并创建它的两个子项目，如图 5-1 所示。这两个子项目，一个叫 app，类型为 Empty qmake Project，作为项目的主程序；另外一个叫 plugins，类型为子目录项目，用来放置扩展主程序的插件项目。

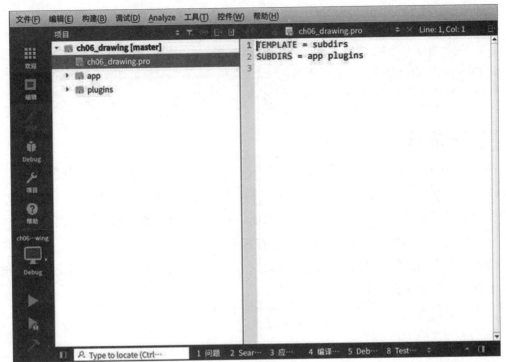

图 5-1　创建项目

5.2.2 定义接口

在编写主程序的其他代码之前，首先需要定义主程序和插件之间的交互接口。在这个实例中，主程序会主动调用插件来完成绘制操作，插件不需要主动调用主程序的接口，所以只需要定义一个接口即可，其代码如下。

```
class PainterInterface {
public:

  // 画笔的绘制函数，每个插件都需要有自己的实现
  virtual void paint(QPainter *painter, const QPoint &pos) = 0;
  virtual ~PainterInterface() = default;
};



// 接口 ID, 全局唯一
#define PainterInterface_iid "com.deepin.examples.ch06_drawing"

// 声明接口
Q_DECLARE_INTERFACE(PainterInterface, PainterInterface_iid)
```

其中，paint 方法接收一个 QPainter 类型的指针和一个 QPoint 类型的引用常量参数，用来做实际的绘制操作；PainterInterface_iid 作为接口的唯一标识符，选择域名倒置的方式进行定义。

接口定义文件 interface.h 作为 app 和 plugins 共用的内容，在项目顶层目录新建

include 目录存放。

> 注意 在一般的项目结构中，include 目录中的文件会被打包，最终安装到系统 /usr/include/ 或者其他常见的头文件存放目录下，并作为开发头文件使用。在该实例项目中为了方便演示，这些文件会直接加到各个子项目的 INCLUDEPATH 中。

5.2.3 编写主程序

在主程序中，使用一个自定义的 Widget 类来提供主窗口，并设置 Qt::WA_OpaquePaintEvent，表示控件自己控制绘制内容的清除工作，不需要 Qt 在窗口大小发生改变等情况下自动执行清理动作。并且为窗口添加了快捷菜单，每个菜单项对应插件提供的一种画笔，从加载的插件中动态获取。在控件的 mousePressEvent 中，记录用户单击的位置，并调用更新函数 update，这样在 paintEvent 函数中就可以直接使用用户选择的画笔进行图形绘制了，代码如下。

```cpp
#include "widget.h"
#include "pluginmanager.h"
#include <QAction>

Widget::Widget(QWidget *parent)
  : QWidget(parent),
    m_painter(nullptr)
{
  // 设置窗口绘制和清理由程序自己完全负责，Qt 无须自动处理
  // 这样做以后窗口背景默认变为黑色
  setAttribute(Qt::WA_OpaquePaintEvent);

  // 添加快捷菜单
  setContextMenuPolicy(Qt::ActionsContextMenu);

  // 获取所有画笔插件，每个画笔作为一个菜单项加入菜单中
  QList<PainterPlugin*> painters = PluginManagerInstance->painters();
  for (PainterPlugin *painter : painters) {
    QAction *action = new QAction(painter->name());
    action->setCheckable(true);

    addAction(action);

     // 设置默认画笔
    if (!m_painter) {
      setPainter(painter);
    }

    connect(action, &QAction::triggered, this, [this, painter] {
      setPainter(painter);
    });

  }
```

```cpp
}

Widget::~Widget()
{

}

void Widget::paintEvent(QPaintEvent *)
{
  QPainter painter(this);

  // 设置反锯齿
  painter.setRenderHint(QPainter::Antialiasing);

  // 设置画笔颜色为白色
  painter.setPen(Qt::white);

  // 在用户单击的位置，使用当前画笔绘图
  if (m_painter && m_clickPoint != QPoint(0, 0)) {
    m_painter->painter()->paint(&painter, m_clickPoint);
  }

  painter.end();
}

void Widget::mousePressEvent(QMouseEvent *event)
{
  // 在用户单击时记录单击位置
  if (event->button() == Qt::LeftButton) {
    m_clickPoint = event->pos();
    update();
  }

  QWidget::mousePressEvent(event);
}

PainterPlugin *Widget::painter() const
{
  return m_painter;
}

void Widget::setPainter(PainterPlugin *painter)
{
  m_painter = painter;

  // 菜单项的互斥效果实现
  for (QAction *action : actions()) {
    action->setChecked(action->text() == painter->name());
  }

}
```

5.2.4 编写插件

在 plugins 项目中新建子项目 square，用来提供一个绘制方形的插件，子项目的 pro 项目配置文件如下。

```
QT += core gui

TARGET = square
TEMPLATE = lib
CONFIG += plugin

INCLUDEPATH += ../../include
DESTDIR = ../

SOURCES = \
  squarepainter.cpp

HEADERS = \
  squarepainter.h

DISTFILES += square.json
```

在上述配置文件中，可以看到，插件项目区别于普通项目的配置主要有两点：项目的模板 TEMPLATE 需配置成 lib，而不是常见的 app；CONFIG 中需添加 plugin 配置项。square.json 文件为本插件提供元数据信息，内容如下。

```
{
  "Name" : "Square"
}
```

其在本实例中的使用非常简单，只是提供插件的名称。

另外，在这个项目中，因为需要引用 interface.h 头文件，所以将其所在的 include 目录加入 INCLUDEPATH 中方便使用。将 DESTDIR 设置为上层目录则主要是需要将生成的插件放置到 plugins 目录方便加载。

在插件类中，新定义一个 SquarePainter 类，它继承自 QObject，并且实现了 PainterInterface 接口中的 paint 函数，代码如下。

```
class SquarePainter : public QObject, public PainterInterface
{
  Q_OBJECT

  // 给插件添加静态元数据，这些数据在插件加载的过程中可以用作静态检查项
  Q_PLUGIN_METADATA(IID PainterInterface_iid FILE "square.json")

  // 声明实现的接口
  Q_INTERFACES(PainterInterface)

public:

  // 实现 PainterInterface 中的 paint 函数
```

```
void paint(QPainter *painter, const QPoint &pos) Q_DECL_OVERRIDE;
};
```

需要注意的是，插件类中 Q_OBJECT、Q_PLUGIN_METADATA、Q_INTERFACES
这 3 个宏缺一不可。

在插件类的实现中，添加 paint 函数。在 paint 函数中，以 pos 为中心绘制一个边长
为 40 像素的正方形，代码如下。

```
static const int Radius = 20;

void SquarePainter::paint(QPainter *painter, const QPoint &pos)
{
  QRect r(pos.x() - Radius, pos.y() - Radius, Radius * 2, Radius * 2);
  painter->drawRect(r);
}
```

完成后，通过 Qt Creator 编译 ch06_drawing 项目，在编译目录的 plugins 目录
下，就会生成一个名为 libsquare.so 的动态库，这就是新编写的插件。

5.2.5 加载插件

在主程序中，另外创建一个 PluginManager 类，用于加载绘图插件。因为这个类可
以全局使用，所以在本实例中简单地使用 Q_GLOBAL_STATIC 宏为这个类创建一个全
局静态实例，方便使用，代码如下。

```
QList<PainterPlugin *> PluginManager::painters()
{
  if (m_initialized)
    return m_painters;

  // 设置插件所在的目录
  QDir pluginsDir("../plugins/");

  // 遍历目录中的所有文件，尝试加载
  const QStringList files = pluginsDir.entryList(QDir::Files);
  for (const QString file : files)
  {
    // 过滤非动态库的内容
    if (!QLibrary::isLibrary(file)) {
      qWarning() << "file's not plugin type: " << file;
      continue;
    }

    // 使用 QPluginLoader 尝试将文件作为插件加载
    QPluginLoader loader(pluginsDir.absoluteFilePath(file));
    bool status = loader.load();
    if (!status) {
      qWarning() << "failed to load file as plugin: " << file;
      qWarning() << "error message: " << loader.errorString();
```

```
        continue;
      }

      // 尝试从加载成功的插件中获取到入口对象
      QObject *instance = loader.instance();
      if (!instance) {
        qWarning() << "failed to get object from plugin: " << file;
        continue;
      }

      // 将入口对象转换为所需的接口
      PainterInterface *painter = qobject_cast<PainterInterface*>(instance);
      if (!painter) {
        qWarning() << "failed to convert plugin to PaitnerInterface: " << file;
        instance->deleteLater();
        continue;
      }

      // 获取静态元数据
      const QJsonObject meta = loader.metaData().value("MetaData").toObject();
      const QString name = meta.value("Name").toString();

      // 构造封装类 PainterPlugin 的实例
      PainterPlugin *plugin = new PainterPlugin(painter, name);
      m_painters << plugin;
    }

    return m_painters;
  }
```

插件加载的过程，分为以下几个步骤。

（1）在实际的加载动作发生之前，首先使用 QLibrary::isLibrary 过滤掉一些非动态库的文件。

（2）使用 QPluginLoader 来尝试加载插件，如果加载失败，可以使用 QPluginLoader::errorString 获取出错信息，以此来排查插件的加载问题。

（3）插件加载成功后，QPluginLoader::instance 会获取到一个 QObject 类的指针。使用这个对象之前，需要通过 qobject_cast 来转换为需要的接口类型。

（4）通过 QPluginLoader::metaData 获取插件的静态元数据，此函数返回一个 QJsonObject 对象。如果想获取到 square.json 中的内容，仍然需要从这个 QJsonObject 对象中获取其 MetaData 对象的值。

（5）数据封装。

一般情况下，对于获取到的元数据信息，只需在插件加载的时候使用，例如声明插件加载所需依赖和环境等。但是在本例中需要对这些元数据进行保存，因此将插件和插件的元数据封装为一个新的 PainterPlugin 数据类型，代码如下。

```cpp
class PainterPlugin
{
public:
  PainterPlugin() = default;
  PainterPlugin(PainterInterface *iface, QString name);
  ~PainterPlugin();

  PainterInterface *painter() const;
  QString name() const;

private:
  PainterInterface *m_iface;
  QString m_name;
};

PainterPlugin::PainterPlugin(PainterInterface *iface, QString name):
  m_iface(iface),
  m_name(name)
{

}

PainterPlugin::~PainterPlugin()
{
  if (m_iface)
    delete m_iface;
}

PainterInterface *PainterPlugin::painter() const
{
  return m_iface;
}

QString PainterPlugin::name() const
{
  return m_name;
}
```

5.2.6 实际运行

以上内容完成后，对整个项目进行编译和运行，右击并选择"Square"，然后单击进行绘制。程序运行效果如图 5-2 所示。

按照同样的步骤，创建一个新的 circle 插件项目，用来绘制圆形。编译后生成 libcircle.so 文件，将该文件跟 libsquare.so 放置在一起，运行主程序，右击并选择"Circle"，然后进行绘制。圆形绘制效果如图 5-3 所示。

删除其中任何一个或者全部插件，重启主程序后快捷菜单中相应的菜单项也会消失。

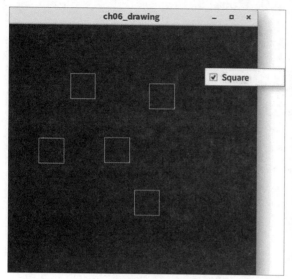
图 5-2 程序运行效果

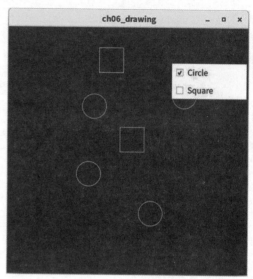
图 5-3 圆形绘制效果

5.3 Qt 单元测试

为了完成一件复杂的工作，一个程序可能涉及多种数据结构，围绕每种数据结构又存在多个算法实现。每一个程序都是由这样的最小单元组合起来，进而完成复杂工作的。为了保证程序整体的健壮性，首先就要保证每个最小单元工作的正确性，这就是单元测试（Unit Testing）出现的背景。

单元测试又称模块测试，是针对程序模块（软件设计的最小单位）来进行正确性检验的测试工作。程序单元是应用的最小可测试部件。在过程化编程中，一个单元就是单个程序、函数、过程等。对于面向对象编程，最小单元就是方法，包括基类（超类）、抽象类或者派生类（子类）中的方法。

简单来说，单元测试就是通过编写一些额外的测试代码，在代码中对程序的最小单元给定不同的输入，检测相应的输出是否正确，以及时知道程序代码修改的可用性。为了方便地执行和展示，围绕单元测试，出现了很多比较有名的单元测试框架，例如 Java 中主要使用的 Junit、Spock，Python 标准库中的 unittest 模块，Go 语言内建的单元测试支持等。对于一个主要由 C++ 和 Qt 开发的应用，在单元测试框架的选择上主要有两个可选方案：GoogleTest 和 QTestLib。

1. GoogleTest

GoogleTest 是由谷歌公司开发的用于 C++ 单元测试的框架，基于 xUnit 架构设计，在支持单元测试的同时，也支持基准测试和简单的压力测试。运行环境方面，它可以支持在 POSIX 系统和 Windows 系统中运行，在 Chrome、LLVM、Protocol Buffers、OpenCV、Gromacs 等项目中均有应用。

2. QTestLib

QTestLib 是 Qt 公司专门为 Qt 打造的一套单元测试框架，从其官网的介绍来看，它主要的特性如表 5-1 所示。

表 5-1　QTestLib 主要的特性

特性	说明
轻量级	QTestLib 只有 6000 多行代码，导出的符号也只有约 60 个
自包含	对于非图形化的测试来说，QTestLib 只依赖 Qt Core 中少量的几个符号
速度快	QTestLib 不需要特殊的测试执行程序，不需要为测试而进行特殊的注册
数据驱动测试	同一个测试用例可以无须修改而使用不同的数据重复执行
简单的图形测试	QTestLib 支持模拟简单的鼠标和键盘事件，用于图形化控件的单元测试
基准测试	QTestLib 支持基准测试，并且可以支持不同的基准测试后端
IDE 友好	QTestLib 的输出可以被 Qt Creator、Visual Studio 与 KDevelop 等 IDE 识别和展示
线程安全	错误输出线程安全
类型安全	加强的模板可以很好地防止隐式类型转换导致的错误
易于扩展	自定义的数据类型可以很方便地添加到测试数据和测试结果中

相比较而言，GoogleTest 更偏向通用 C++ 项目，而 QTestLib 则与 Qt 有更好的结合，且支持图形控件的单元测试，所以本章介绍的单元测试主要是指使用 QTestLib 做 Qt 程序的单元测试。

5.4 项目案例 2：为程序编写测试程序

针对一个特定单元的测试叫作测试用例。在 QTestLib 中，一个测试用例对应于测试类中的一个测试函数，针对一个类的测试用例一般放在同一个测试类中。需要注意的是测试类需继承自 QObject，每个测试函数需声明为私有槽。

在测试函数中，给予待测试单元固定的输入，并期待特定的输出，写下断言。

所谓断言，就是一个在调试程序时经常使用的宏，在程序运行时它计算括号内的表达式。如果表达式为 FALSE (0)，程序将报告错误，并终止执行。如果表达式不为 0，则继续执行后面的语句。这个宏通常用来判断程序是否出现了明显非法的数据，如果出现了，则终止程序以免导致严重后果，同时也便于查找错误。

例如需要测试 QString::toUpper 函数，测试代码如下。

```
#include <QtTest/QtTest>

class TestQString: public QObject
{
    Q_OBJECT

private slots:
    void toUpper();
};

void TestQString::toUpper()
{
    QString str = "Hello";
    QVERIFY(str.toUpper() == "HELLO");
}
```

在上面的代码中，给 TestQString::toUpper 的输入为"Hello"，期望输出为"HELLO"，使用 QVERIFY 断言待测试函数的输出与期望相等。如果测试用例执行失败，则说明 QString::toUpper 函数实现有问题，需要修正。

在单元测试中，断言的使用非常多，Qt 提供了一些用来作为断言或者辅助断言的宏：

- QCOMPARE(actual, expected)；
- QEXPECT_FAIL(dataIndex, comment, mode)；
- QFAIL(message)；
- QFETCH(type, name)；
- QFINDTESTDATA(filename)；
- QSKIP(description)；
- QTRY_COMPARE(actual, expected)；
- QTRY_COMPARE_WITH_TIMEOUT(actual, expected, timeout)；
- QTRY_VERIFY2(condition, message)；
- QTRY_VERIFY(condition)；
- QTRY_VERIFY2_WITH_TIMEOUT(condition, message, timeout)；
- QTRY_VERIFY_WITH_TIMEOUT(condition, timeout)；
- QVERIFY2(condition, message)；
- QVERIFY(condition)；
- QVERIFY_EXCEPTION_THROWN(expression, exceptiontype)；
- QWARN(message)。

其中，比较常用的是 QVERIFY、QVERIFY2、QCOMPARE 和 QFAIL。前两者接收一个返回值是布尔类型的表达式；QCOMPARE 用来对比预期结果和实际结果；QFAIL 可以随时让一个测试用例失败，从而制造更灵活的控制。使用 QCOMPARE 和 QFAIL 替换上面例子中的 QVERIFY 实现相同的效果，代码分别如下。

```
void TestQString::toUpper()
{
  QString str = "Hello";
  QCOMPARE(str.toUpper(), "HELLO");
}

// 或者使用 QFAIL
void TestQString::toUpper()
{
  QString str = "Hello";
  if (str.toUpper() != "HELLO")
    QFAIL("toUpper has unexpected output");
}
```

5.4.1 执行单元测试

单元测试项目与普通项目的 PRO 文件并没有什么特别的不同，只是需要额外添加依赖的 testlib 模块。

```
QT += testlib
```

不同的地方主要在于单元测试项目一般没有显式的 main.cpp 文件和 main 函数，而是使用 QTEST_MAIN 宏生成需要的程序入口函数，在 QTEST_MAIN 后需要包含源码生成的 MOC 文件。例如在上述的例子中创建的类名为 TestQString、文件名为 tst_testqstring.cpp，那么这部分代码就应该如下。

```
// 生成 main 函数
QTEST_MAIN(TestQString)

// 包含 MOC 文件
#include "tst_testqstring.moc"
```

添加入口函数以后就可以运行测试用例了，有两种方式。第一种方式是直接运行生成的二进制文件，这种方式下项目输出纯文本的测试结果数据，如图 5-4 所示。

PASS 表示测试通过，代码功能正常。

还有一种方式是使用 Qt Creator 提供的图形化方式，需要在 Qt Creator 中打开 Test Results 面板，面板中的两个运行按钮，一个是运行所有测试，另外一个是运行所选测试。单击运行所有测试按钮，可以得到图 5-5 所示的测试结果。

所有的测试用例都会以图形化的方式展示是否运行通过，这样更加直观。如果在一个项目里面有多个测试用例，可以在 Qt Creator 的资源管理器中选择 Tests 视图，如图 5-6 所示。

这时候在资源管理器中可以看到项目中有哪些测试用例，并且可以勾选其中的一部分测试用例来执行。挑选完成后，在刚才打开的 Test Results 面板中，单击运行所选测试按钮来运行挑选的测试用例。这个功能在重构或者修改某个功能函数的时候比较有用，因为这个时候用户一般只关心该函数对应的测试用例是否能通过。

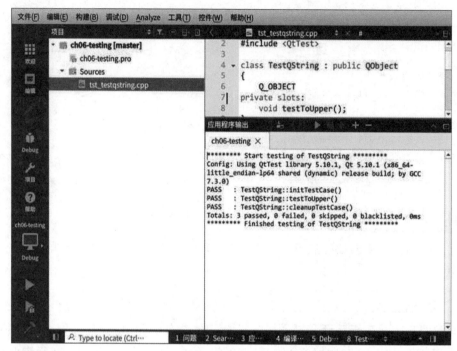

图 5-4　测试结果数据

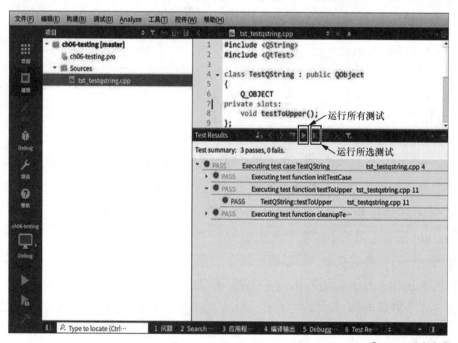

图 5-5　测试结果

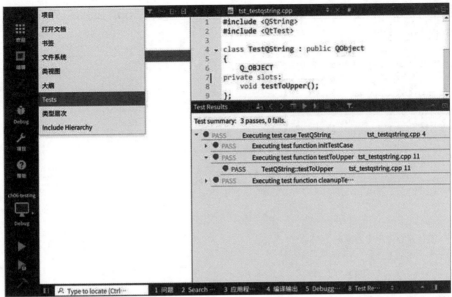

图 5-6　Tests 视图

5.4.2 测试用例的生命周期

在上面的测试结果中，除了 TestQString::toUpper 用例，还有两个函数：TestQString::initTestCase 和 TestQString::cleanupTestCase，这两个函数并不是我们编写的，为什么会存在呢？这就涉及单元测试的生命周期问题。

单元测试的生命周期主要涉及 4 个特殊的函数，如表 5-2 所示。

表 5-2　单元测试生命周期涉及的特殊函数

函数	说明
initTestCase	在所有的测试用例运行之前执行
cleanupTestCase	在所有的测试用例运行完成后执行
init	在每个测试用例运行之前执行
cleanup	在每个测试用例运行完成之后执行

可以重写这几个函数，用于在测试用例执行前后完成一些准备和清理的工作，所以这些函数在需要准备的内容耗时较长而每个测试用例又会使用到的情况下会比较有用。如果没有提供相应的函数，QTestLib 会生成空的 initTestCase 和 cleanupTestCase 函数。

5.4.3 数据驱动测试

在前面测试 QString::toUpper 的测试用例中，只是测试了输入为 "Hello" 这种情况。还有一些其他预期的情况，例如全大写的 "HELLO"、全小写的 "hello" 等情况没有测试。

假如以前发现 QString::toUpper 函数在这些情况下可能存在潜在问题，那么需要在测试用例中包含这些情况。

```
void TestQString::testToUpper()
{
  // 测试全小写的情况
  QString str = "hello";
  QVERIFY(str.toUpper() == "HELLO");

  // 测试全大写的情况
  str = "HELLO";
  QVERIFY(str.toUpper() == "HELLO");


  // 测试混合大小写的情况
  str = "Hello";
  QVERIFY(str.toUpper() == "HELLO");
}
```

添加相关的代码到测试用例中运行，发现结果仍然符合预期。

这种添加测试数据的方式虽然也可以完成工作，但是其中有不少重复代码。假如待测试的接口发生改变，需要修改不少地方才能让测试用例重新工作，所以这种方式并不是一种好的添加测试数据的方法。

Qt 提供一种更好的方式来满足这种需要提供多套测试数据的测试需求。在这种方式中，编写测试函数的时候，不是"写死"测试数据，而是假设有一个"测试数据表格"。在这个表格中的每一行都是一组测试数据，每一列代表每组测试数据中各个数据所负责的角色。测试函数通过 Qt 提供的宏每次从表格中取出每一组数据来使用，测试数据则由单独的数据函数来提供。下面举一个例子来说明。

假如除了要测试 QString::toUpper 外，还要测试 QString::toLower 函数的功能，并且这次需要测试输入为全小写、全大写、混合大小写的 3 种情况。首先，需要创建一个数据函数，这个函数同样为私有槽函数，命名规则为在所需提供数据的测试函数名后加上"_data"，具体代码如下。

```
void TestQString::testToLower_data()
{
  // 添加 input 列
  QTest::addColumn<QString>("input");

  // 添加 expected 列
  QTest::addColumn<QString>("expected");

  // 添加全小写的测试数据行，数据需要按照上面数据列的顺序进行添加
  QTest::newRow("all lower") << "hello" << "hello";

  // 添加混合大小写的测试数据行
  QTest::newRow("mixed")    << "Hello" << "hello";
```

```
// 添加全大写的测试数据行
QTest::newRow("all upper") << "HELLO" << "hello";

}
```

在代码中，先使用 QTest::addColumn 来添加表格所有的列，然后使用 QTest::newRow 添加数据行，函数参数为行名称，会显示在测试用例执行结果中，方便定位出问题的数据。

数据函数完成后，测试函数可以写为如下内容。

```
void TestQString::testToLower()
{
    // 获取 input 列测试数据
    QFETCH(QString, input);

    // 获取 expected 列测试数据
    QFETCH(QString, expected);

    // 断言
    QCOMPARE(input.toLower(), expected);
}
```

在这个函数中，使用 QFETCH 宏从数据表中取出测试数据。需要注意的是 QFETCH 宏的两个参数，一个是数据列的类型，另一个是数据列的名称，都需要与数据函数中的 QTest::addColumn 提供的数据类型和名称一致。取出数据后便可以与前面的测试函数一样使用、测试。运行测试，结果如图 5-7 所示。

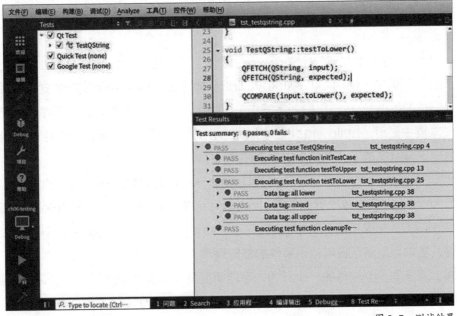

图 5-7　测试结果

5.4.4 图形化测试

在图形界面程序中，自定义控件或者组合控件的情况是很常见的。作为界面的一个最小单元模块，对这些控件的单元测试需求也长期存在，所以 Qt 提供了简单的图形化测试，可以很方便地满足对单个控件的测试需求。

在下面的例子中，新建了一个测试项目，用来对 QLineEdit 的功能进行验证，测试类的代码如下。

```cpp
class TestQLineEdit : public QObject
{
  Q_OBJECT

private slots:
  void testInput();
};

void TestQLineEdit::testInput()
{
  QLineEdit lineEdit;

  // 模拟键盘输入
  QTest::keyClicks(&lineEdit, "hello world");

  // 断言
  QCOMPARE(lineEdit.text(), QString("hello world"));
}

// 生成 main 函数
QTEST_MAIN(TestQLineEdit)

// 包含 moc 生成文件
#include "tst_testqlineedit.moc"
```

在上面的代码中，使用 QTest::keyClicks 向创建的 QLineEdit 控件发送一系列的键盘输入，组成 "hello world" 输入字符串。QLineEdit 控件接收到这些事件以后按照预期应该在文本框中显示 "hello world"，所以使用 QCOMPARE 宏断言的控件内容和预期应该相同，这样就完成了一个简单的图形化测试。

除了 QTest::keyClicks，QTest 类还提供一系列的函数用来模拟其他类型的输入事件，例如 keyClick 模拟单次键盘按键、keyPress 模拟键盘按下、keyRelease 模拟键盘松开、mouseClick 模拟鼠标单击、mousePress 和 mouseRelease 分别模拟鼠标按下和松开等，基本可以满足日常输入事件的模拟需求。

同样，对于同一个控件的一个行为，可能需要使用不同的输入事件去验证其是否正确。在 Qt 中也可以使用前文提到的数据提供方式来测试图形程序，只是需要在数据函数中使用 QTestEventList 作为事件传输的 "载体"，代码如下。

```
void TestQLineEdit::testInputAndDelete()
{
  // 获取 events 列测试数据
  QFETCH(QTestEventList, events);

  // 获取 expected 列测试数据
  QFETCH(QString, expected);

  QLineEdit lineEdit;

  // 模拟将测试事件数据发送到 lineEdit 对象
  events.simulate(&lineEdit);

  // 断言
  QCOMPARE(lineEdit.text(), expected);
}

void TestQLineEdit::testInputAndDelete_data()
{
  // 添加 events 列
  QTest::addColumn<QTestEventList>("events");

  // 添加 expected 列
  QTest::addColumn<QString>("expected");

  // 构造测试事件数据
  QTestEventList list1;
  list1.addKeyClick('a');

  // 添加测试数据行
  QTest::newRow("char") << list1 << "a";

  // 构造测试事件数据
  QTestEventList list2;
  list2.addKeyClick('a');
  list2.addKeyClick(Qt::Key_Backspace);

  // 添加测试数据行
  QTest::newRow("there and back again") << list2 << "";
}
```

在这个测试用例中，除了测试输入功能，还测试了输入后删除输入的动作。执行单元测试，用例全部通过，说明控件的行为符合预期。

5.5 polkit 鉴权系统

在开发 Linux 应用程序的过程中，很多情况下会需要获取系统级别的权限，以实现应用程序需要的功能，例如修改系统配置、开关系统服务等。随之也出现了各种各样的工具和方法来实现这个目标，比如古老的 setuid 方式，可以让程序以其他用户的身份运行。这种权限控制一刀切的做法很容易导致权限被滥用，所以后来出现了 POSIX 权能模型 capabilities。权能模型特性可以让程序附带一定的特殊权限，如访问网络接口、发送 kill 信号等。这样程序可以只附带自己需要的特权，而无须获取所有特权。即使这个程序被攻破，攻击者获得了相应的特权，其能造成的破坏也只是局部的、受限的。

还有一些工具本身带有比较高的用户权限，可以用来辅助程序获取高权限，例如 sudo、gksu、kdesu 等。使用这些工具启动的程序，会先鉴定执行者的凭证，比如在终端中使用 sudo 会要求用户输入正确的管理员密码；启动一些图形应用程序的时候，在程序命令前加上 gksu 或者 kdesu，它们也会弹出一个对话框，让用户输入正确的密码才能继续执行。验证通过后，程序便能以高权限执行了。

以上两种方式是 Linux 中最常见的两种提权方式，但是对于图形应用程序来说却并不是很实用，主要原因有以下两点。

一是图形应用程序一般都是非特权的。这是因为需要获取系统级别权限大多数是比较临时的情况，完成操作后就不需要再保留那么高的权限了，否则一旦程序出现问题，很容易导致系统级别的安全隐患。另外，由于图形应用程序是用户操作计算机最直接的界面，如果用户忘记程序已经是高权限而胡乱操作，很容易对系统造成破坏。

二是权能模型虽然可以让程序拥有部分特殊能力，但是这些特殊能力的数量是有限的，所以比较适合一些功能比较固定的系统级工具，例如 ping 等，对于应用程序来说仍然不够灵活。

所以需要一种将需要特权执行的代码分离开的机制，这就是 polkit 要做的事情。

polkit 是 Linux 环境下的一套鉴权系统，通过这个系统提供的接口，低权限的用户程序可以向拥有高权限的系统程序发出请求，并在通过用户权限鉴定后，执行特定的高权限动作。在 polkit 的术语中，这种低权限的用户程序叫作 Subject，高权限的系统程序叫作 Mechanism，而用来跟用户做鉴权交互的程序叫作 Agent，统一由提供 polkit 服务的后台程序 polkitd 调度和控制。polkitd 的对外接口主要以注册在 D-Bus 的系统总线上的服务为主，其架构如图 5-8 所示。

在图 5-8 中，Subject 和 Agent 都工作在用户会话中，拥有普通的用户权限；polkitd 和与 Subject 对应的 Mechanism 则工作在系统层面，拥有系统权限。Subject 需要执行高权限动作的时候，会执行以下步骤。

（1）通过 D-Bus 向 Mechanism 发出 D-Bus 调用。

（2）Mechanism 接到请求以后开始进行用户权限鉴定，即向 polkitd 发出请求。

（3）polkitd 会检查系统中安装的 rules 文件和 policy 文件，以确定继续验证请求还是直接拒绝，拒绝后 Subject 调用直接返回失败；如果是继续验证请求，polkitd 则通过 D-Bus 向 Agent 发送消息要求开始鉴权。

（4）按照规则，用户需要输入自己的密码或者使用一个管理员的账户进行密码验证。

验证通过后 Agent 会告知 polkitd 鉴权结果，polkitd 再转而反馈给 Mechanism。

（5）Mechanism 收到验证结果后决定执行请求动作还是返回失败。

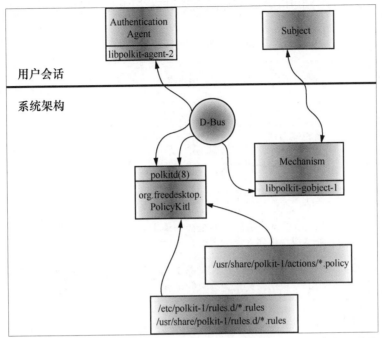

图 5-8　polkit 的对外接口架构

在图形界面下，Agent 一般是一个对话框，如图 5-9 所示。

图 5-9　Agent 对话框

5.5.1 声明动作

在上面的流程介绍中，只介绍了特权动作的使用过程，动作在被使用之前还需要进行声明。声明其实就是使用 XML 文件对一个或者多个动作进行一定的描述。这种 XML 文件以 .policy 结尾，通常放置在 /usr/share/polkit-1/actions/ 目录中，它们的根节点是 policyconfig，子节点可以包含 vendor、vendorurl、iconname 和 action 等，分别用于描述这个文件中一系列动作的开发商、开发商网址、图标和各个动作等。其中，action 作为主要内容，又可以包含 description、message、defaults、annotate、vendor、vendorurl、iconname，分别用来表示这个动作的描述信息、动作在 Agent 上的提示信息、默认鉴权行为、注解、开发商、开发商网址、图标等。

每个 action 可以设置不同的鉴权行为策略，也就是上面提到的 defaults，它可以包含对

3 种情况的鉴权行为的配置项：allowany 表示针对所有请求者的鉴权行为、allowinactive 表示在当前终端下的非活跃会话中的请求者、allow_active 则表示在当前终端下的活跃会话中的请求者。这 3 种情况下分别可以设置不同的配置项与鉴权策略，如表 5-3 所示。

表 5-3　配置项与鉴权策略

配置项	鉴权策略
no	直接失败
yes	直接通过
auth_self	使用自己的凭证鉴权，验证动作执行的请求者确实是所在会话的拥有者
auth_admin	使用管理员的凭证鉴权
auth_self_keep	与 auth_self 类似，但是会为请求者保留一段时间的鉴权状态（例如 5 分钟内的特权动作请求无须再验证）
auth_admin_keep	与 auth_admin 类似，但是会为请求者保留一段时间的鉴权状态（例如 5 分钟内的特权动作请求无须再验证）

另外，每个动作除了可以使用 vendor、vendorurl、iconname 等覆盖总体的信息，还可以使用 annotate 添加一些键值对形式的额外注解。这些注解可以在 Agent 中进行展示或者使用，主要用于扩展。例如比较常见的注解是 org.freedesktop.policykit.exec.path，它会被 pkexec 识别，表示这个声明的动作内容可以用来代替默认的 Agent 展示内容。

5.5.2 定义规则

polkit 规则是一系列的 JavaScript 脚本，通常放置在 /etc/polkit-1/rules.d 和 /usr/share/polkit-1/rules.d 中。通过暴露的 polkit 对象，这些脚本可以为 polkit 添加一些特殊的鉴权规则，通常使用 polkit.addRule 或者 polkit.addAdminRule 来完成，前者用来添加在鉴权过程中执行的回调函数，后者用来添加在挑选管理员时执行的回调函数。这两种回调函数都接收两个参数：一个是 action，表示一个动作；另一个是 subject，表示一个请求的发起者。从两个对象中，又可以获取到更多的信息，用来做出动态的判断，代码如下。

```
polkit.addRule(function(action, subject) {
    if (action.id == "org.freedesktop.accounts.user-administration" &&
      subject.isInGroup("admin")) {
      return polkit.Result.YES;
    }
});
```

上面的代码添加了一个规则，表示在 admin 组中的用户可以执行 org.freedesktop.

accounts.user-administration 的动作。

下面的代码则表示在 wheel 这个组中的用户才算作管理员。

```
polkit.addAdminRule(function(action, subject) {
  return ["unix-group:wheel"];
});
```

总之，polkit 规则可以很方便地让系统管理员动态配置 polkit 鉴权过程中的一些条件和结果，用以辅助系统管理上的一些特殊需求，不过对于应用开发者来说使用不多，此处不再详细说明。

下面通过一个例子来具体说明 polkit 在应用开发中的使用方式。

5.6 项目案例 3：系统环境变量修改器

在这个案例中，将实现一个非常简单的系统环境变量修改器。通过这个修改器，操作者无须手动编辑 /etc/environment 文件即可完成配置系统环境变量的需求。该案例有两个子项目，分别是 editor 和 helper。

5.6.1 editor 项目

editor 是一个图形化的编辑界面，运行后的图形界面如图 5-10 所示。

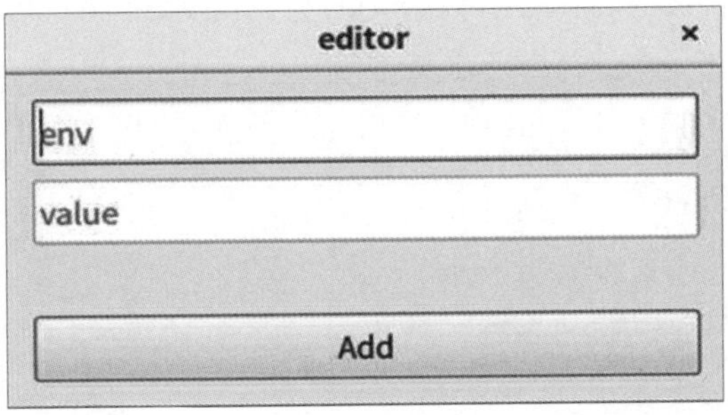

图 5-10　editor 图形界面

用户在操作的时候，分别在"env"和"value"文本框中填写要设置的环境变量的名称和相应的环境变量的值，然后单击"Add"按钮即可添加环境变量并设置到 /etc/environment 文件。如果添加成功，在两个文本框之下、按钮之上会显示"success"，如果失败则会显示详细的错误信息。在 editor 的代码中只有界面代码，实际写入文件的操作通过 D-Bus 调用 helper 提供的接口来完成，其主要代码如下。

```
#include "dialog.h"

#include <QLabel>
#include <QLineEdit>
#include <QPushButton>
#include <QVBoxLayout>
```

```cpp
#include <QDBusReply>
#include <QDBusInterface>

Dialog::Dialog(QWidget *parent)
  : QDialog(parent)
{
  // 设置文本框大小
  setFixedWidth(300);

  // 搭建文本框内容控件
  QVBoxLayout *layout = new QVBoxLayout;

  m_key = new QLineEdit;
  m_key->setPlaceholderText("env");
  m_value = new QLineEdit;
  m_value->setPlaceholderText("value");
  QPushButton *btn = new QPushButton("Add");

  m_msg = new QLabel;
  m_msg->setWordWrap(true);

  layout->addWidget(m_key);
  layout->addWidget(m_value);
  layout->addWidget(m_msg);
  layout->addWidget(btn);

  setLayout(layout);
  connect(btn, &QPushButton::clicked, this, &Dialog::buttonClicked);
}

Dialog::~Dialog()
{

}

void Dialog::buttonClicked()
{
  if (m_key->text().isEmpty() || m_value->text().isEmpty())
    return;

  // 使用用户输入的数据作为参数，调用 D-Bus 方法
  QDBusInterface iface("com.deepin.examples.ch06.sysenvhelper",
            "/com/deepin/examples/ch06/sysenvhelper",
            "com.deepin.examples.ch06.SysEnvHelper",
            QDBusConnection::systemBus());
  QDBusReply<bool> reply = iface.call("SetEnv", m_key->text(), m_value->text());

  // 在界面上反馈调用结果
  if (reply.isValid() && reply.value()) {
    m_msg->setText("success");
  } else {
    m_msg->setText("err: " + reply.error().message());
```

```
    }

  }
```

5.6.2 helper 项目

与之相对，helper 项目提供系统级接口，供 editor 调用，本身不提供界面。在 helper 项目中的 SysEnv 类暴露了一个槽函数 SetEnv，用来提供 D-Bus 方法，具体代码如下。

```
bool SysEnv::SetEnv(const QString &name, const QString &val)
{
  // 检查输入是否合法
  if (name.isEmpty())
    return false;

  // 写入内容到 /etc/environment 中，这里使用 system 函数调用系统命令完成
  QString cmd = QString("echo %1=%2 >> /etc/environment").arg(name).arg(val);
  int ret = system(cmd.toUtf8().constData());

  return ret == 0;
}
```

并在 main 函数中注册 D-Bus 服务和对象，具体代码如下。

```
// D-Bus 服务名
#define Service "com.deepin.examples.ch06.sysenvhelper"

// D-Bus 对象路径
#define Path "/com/deepin/examples/ch06/sysenvhelper"

// D-Bus 接口
#define Interface "com.deepin.examples.ch06.SysEnvHelper"

int main(int argc, char *argv[])
{
  QCoreApplication a(argc, argv);
  SysEnv sysenv;

  QDBusConnection systemBus = QDBusConnection::systemBus();

  bool status;

  // 注册 D-Bus 服务
  status = systemBus.registerService(Service);

  if (!status) {
    qWarning() << "failed to register service" << systemBus.lastError().message();
    return -1;
  }
```

```
    // 将 sysenv 实例注册为 D-Bus 对象，并暴露实例所有的槽函数为 D-Bus 方法
    status = systemBus.registerObject(Path,
                    Interface,
                    &sysenv,
                    QDBusConnection::ExportAllSlots);

    if (!status) {
      qWarning() << "failed to register object";
      return -2;
    }

    return a.exec();
}
```

编译 helper 项目，并以 sudo 执行（通常系统级的服务会包装成一个 systemd 的服务，这里为了实例介绍简便，直接以 root 权限执行），会有如下报错。

```
failed to register service "Connection ":1.811" is not allowed to own the
service "com.deepin.examples.ch06.sysenvhelper" due to security policies in the
configuration file".
```

这主要是出于安全性的考虑，系统级 D-Bus 服务的注册需要先完成一定的配置。一般情况下，只需要在 /usr/share/dbus-1/system.d/ 目录中添加如下对应于服务的配置文件即可。

```
<?xml version="1.0" encoding="UTF-8"?> <!-- -*- XML -*- -->

<!DOCTYPE busconfig PUBLIC
 "-//freedesktop//DTD D-BUS Bus Configuration 1.0//EN"
 "http://www.freedesktop.org/standards/dbus/1.0/busconfig.dtd">

<busconfig>
 <policy user="root">
  <allow own="com.deepin.examples.ch06.sysenvhelper"/>
 </policy>

 <policy context="default">
  <allow send_destination="com.deepin.examples.ch06.sysenvhelper" />
 </policy>
</busconfig>
```

配置文件中的 policy 节点用于定义不同的规则。一般通过 policy 节点的属性来设置过滤条件，在 policy 节点的内容中通过 allow 或者 deny 和其属性来进一步完成一系列的规则配置。这里可以将 D-Bus 理解为一个网络服务，而这些配置文件就像是防火墙规则一样。

在上面的配置文件中，通过第一个 policy 指定 root 用户可以拥有 com.deepin.examples.ch06.sysenvhelper 服务。这是因为这个服务会以 root 身份运行，指明用

户为 root 后，其中的 allow 条件才会被执行。在第二个 policy 规则中，指定 context 为 default，表示默认情况就会加载这个 policy 中的规则，其中的 allow 节点表示向 com. deepin.examples.ch06.sysenvhelper 发送信息是被允许的。如果只配置第一个规则，虽然服务可以正常注册，但是在 editor 进行 D-Bus 调用的时候会找不到相应的服务而失败。

5.6.3 检查调用者的权限

添加了上面的配置文件后，helper 就可以正常注册服务并且提供相应的接口了，editor 也可以正常接入。这时候好像跟 polkit 还没什么关系，但是要注意的是，helper 提供的服务是非常危险的操作，现在任何人在任何时候都可以调用这个接口，从而更改系统环境变量，影响其他程序的正常行为。如果服务提供更多特殊的操作，例如可以安装软件，那么这个系统就可能成为最好的"病毒"传播者。

所以，必须在服务调用的时候检查调用者的权限。一般情况下，不直接使用 polkit 服务提供的 D-Bus 接口。实际上，在 Qt 5 的项目中一般使用 polkit-qt5-1 这个库，它提供对 polkit 库的 Qt 5 封装，可以在 Qt 5 程序中方便地使用。具体的验证代码如下。

```
bool SysEnv::doAuth()
{
  // 获取 D-Bus 调用者的 PID
  const QDBusMessage msg = message();
  const QString service = msg.service();
  const qint64 pid = connection().interface()->servicePid(service);

  // 构造 Subject 实例
  UnixProcessSubject sub(pid);

  // 构造 Authority 实例
  Authority *auth = Authority::instance();

  // 进行权限鉴定
  Authority::Result result = auth->checkAuthorizationSync(
      "com.deepin.examples.ch06.setsysenv",
      sub,
      PolkitQt1::Authority::AllowUserInteraction);

  if (result != Authority::Yes) {
    qWarning() << "authorization failed: " << auth->errorDetails();
  }

  return result == Authority::Yes;
}
```

在上面的代码中，通过 D-Bus 的接口获取到调用方的一些信息，例如 PID，其中使用到的 message 函数、connection 函数均来自 QDBusContext。为了获取到这些信息，需要让 SysEnv 类继承 QDBusContext。这样被 D-Bus 调用的槽函数中，就可以获取一些额外的关于 D-Bus 调用的信息。

　　拿到 PID 后，可以用它来构造 UnixProcessSubject 对象，这种类型的 Subject 表示鉴权是针对这个进程的，这是十分常用的 Subject 类型。还有两种类型的 Subject：UnixSessionSubject 和 SystemBusNameSubject，分别表示鉴权针对一个会话、鉴权针对一个系统服务。鉴权成功后，polkitd 会根据相应动作配置的鉴权行为判断是否为这个进程、会话或者系统服务保留一定时间的鉴权成功状态。

　　Authority::checkAuthorizationSync 函数用来发起一次鉴权检查。第一个参数是动作的 ID，这个动作设定的鉴权行为是只允许在活跃会话中使用管理员凭证进行鉴权，并且不维持鉴权成功状态；第二个参数是刚构造的 Subject 对象；第三个参数表示需要用户交互。根据定义的动作内容。

```
<?xml version="1.0" encoding="UTF-8"?>

<!DOCTYPE policyconfig PUBLIC
 "-//freedesktop//DTD PolicyKit Policy Configuration 1.0//EN"
 "http://www.freedesktop.org/standards/PolicyKit/1.0/policyconfig.dtd">

<policyconfig>
 <vendor>Deepin</vendor>
 <vendor_url>http://www.deepin.org/</vendor_url>

 <action id="com.deepin.examples.ch06.setsysenv">
  <description>Change system environment variables</description>
  <message>Changing system environment variables need authorization.</message>
  <defaults>
   <allow_any>no</allow_any>
   <allow_inactive>no</allow_inactive>
   <allow_active>auth_admin</allow_active>
  </defaults>
 </action>
</policyconfig>
```

　　在每次鉴权的时候，系统都会弹出如图 5-11 所示的用户鉴权对话框，让用户输入管理员凭证（密码等），用户鉴权成功后动作才会正确执行。

图 5-11　用户鉴权对话框

　　在上面的例子中，这个对话框会在用户单击"Add"按钮后弹出。用户填入正确的管理员密码，需要设置的环境变量就会按照预期出现在 /etc/environment 文件中。

第 **6** 章

Qt 程序的调试与调优

　　程序调试是在程序投入实际运行前，通过人工运算或编译程序等方法进行测试，修正语法错误或逻辑错误的过程。这是保证计算机信息系统正确性必不可少的步骤。程序优化一般需要与算法优化同步进行，主要涉及具体的编码技巧。不同的算法实现同样的功能，效率可能差异巨大。

【目标任务】

　　掌握在 Qt Creator 中调试代码的方法，以及 Perf、Gperftools、Valgrind 工具的使用方法。

【知识点】

- 在 Qt Creator 中调试代码。
- Perf 的介绍与使用。
- Gperftools 性能分析。
- 使用 Valgrind 进行内存分析。

6.1 在 Qt Creator 中调试代码

Qt Creator 对主流的调试器已经有了较好的支持。相比在命令行中进行程序调试，在 Qt Creator 中进行调试可以获得更好的调试界面，更方便地在代码和程序运行信息之间建立联系。Qt Creator 不仅集成了 GDB 、LLDB 等主流调试工具的支持，而且还对 Valgrind 等内存分析工具提供了一定的支持。

6.1.1 配置调试环境

在 Qt Creator 中使用 GDB 、Valgrind 需要预先安装对应的软件，在统信 UOS 中可以方便地使用 apt 命令来进行安装。

```
sudo apt install gdb valgrind
```

安装完毕后重启 Qt Creator，就可以自动识别 GDB 和 Valgrind。

另外，由于需要对 Qt 的图形程序进行调试，可运行如下命令安装对应的调试信息（Qt 的调试信息包）。

```
sudo apt install libqt5core5a-dbgsym libqt5widgets5-dbgsym
```

6.1.2 使用 GDB 进行调试

在 Qt Creator 中，按快捷键 F5 可以启动调试模式，Qt 调试模式的主界面如图 6-1 所示。

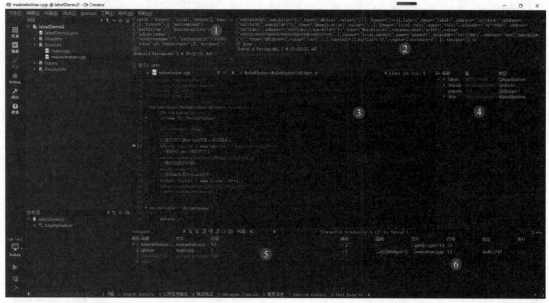

图 6-1　Qt 调试模式主界面

图 6-1 中各个区域的主要功能如下。

（1）命令行区域。可以在该区域中直接输入 GDB 命令，方便进行较为复杂的调试工作。

（2）调试器信息区域。该区域会实时显示一些程序内部和调试器的状态信息，包括传递给后端的命令、程序的线程状态标号、监控变量的状态变化等。

（3）编辑器区域。通过该区域可以快速查看断点位置或者程序当前运行位置的代码，并且具有一个正常的代码编辑窗口的全部完整功能，可以在该区域对代码进行跳转查看等操作，方便更好地追踪程序异常处的上下文。

（4）自定义变量监控区域。在该区域可以添加自定义的监控变量，并且支持表达式来对变量进行求值，如图 6-2 所示。

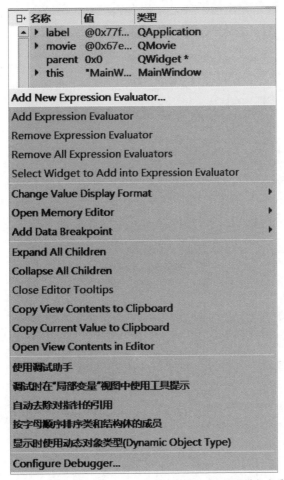

图 6-2　添加监控变量

（5）调用堆栈区域。在该区域可以查看当前程序运行处的堆栈信息。单击对应行时，相当于使用 GDB 的 frame 命令进行帧切换，GDB 会将程序状态跳转到对应位置，并且编辑器区域的代码浏览窗口与区域 5 的自定义变量监控区域的内容会发生联动，使得调试过程更加人性化。

（6）程序信息区域。该区域主要显示程序运行中的一些基本信息，包括设置的断点、程序启动的线程数目、加载的模块、源码文件、程序快照以及处理器的寄存器信息等。

下面使用 GDB 来调试分析一个 lambda 表达式非法引用的问题，待调试程序的核心代码如下。

```cpp
Dialog::Dialog(QWidget *parent)
  : QDialog(parent)
{
  auto *layout = new QVBoxLayout(this);

  foodLabel = new QLabel("");
  layout->addWidget(foodLabel);

  prepare = new QPushButton("add food");
  layout->addWidget(prepare);

  Chef chef;
  connect(&chef, &Chef::done, this, [&] {
    this->foodLabel->setText(chef.getFood());
  });
  connect(prepare, &QPushButton::clicked, this, [&] {
    qDebug() << chef.getFood();
    chef.prepare();
  });
}
```

完整的代码可以从本书附送的代码仓库中获取。使用 Qt Creator 打开示例程序，按快捷键 F5 启动调试，这时能看到程序的主界面，如图 6-3 所示。

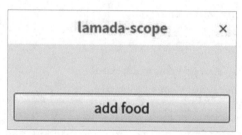

图 6-3　程序主界面

此时单击界面上的"add food"按钮，程序会出现异常，之后调试器将自动获取用户焦点，弹出对应的调试界面，如图 6-4 所示。

可以看到调试器提示程序运行时遇到了 Segmentation fault，单击"OK"按钮后，可以进入调试界面。

首先需要关注的是程序的调用栈，如图 6-5 所示。在程序崩溃类的问题中，调用栈往往是发现问题的第一线索。通过调用栈可以看出，chef.cpp 文件的第 11 行是应用代码出现问题的起点。双击该处，可以直接跳转到程序源码的对应位置，同时观察右侧的自定义变量监控区域，可以看到本地成员变量 food 已经处于无法使用的状态了。这一般表示该处变量的内存已经被释放。

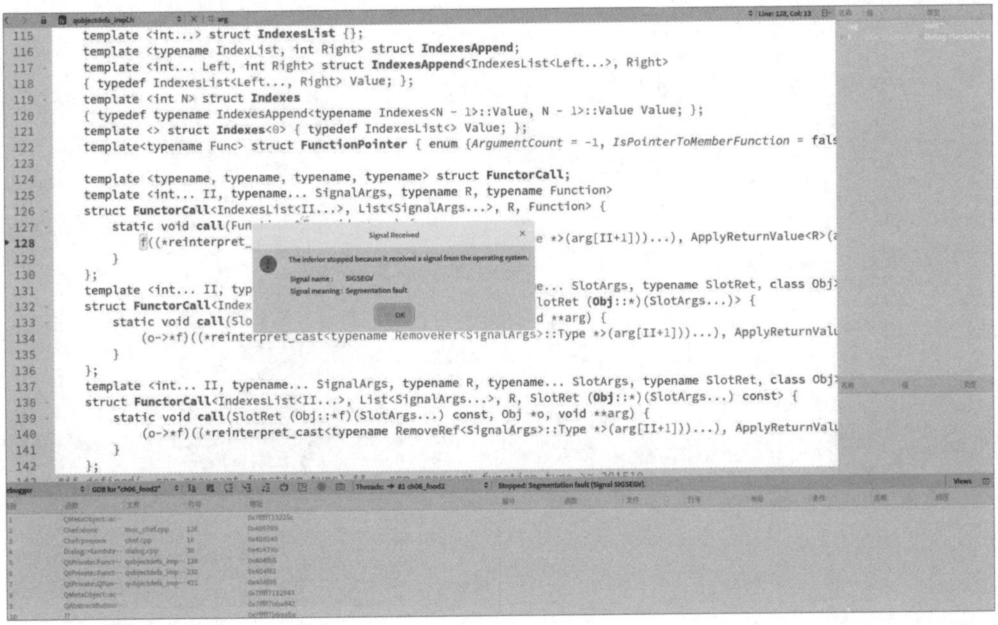

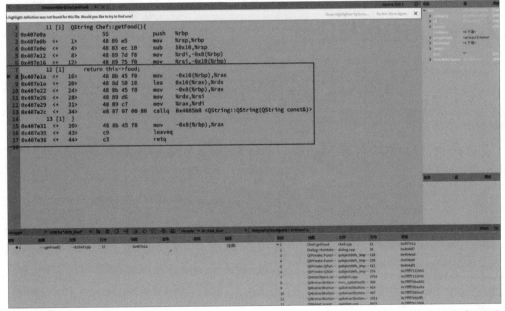

图 6-4　调试界面

图 6-5　程序调用栈

　　为了追溯 food 为何会被释放，可以将调用栈再向上切换一层，双击调用栈的第 7 行，切换到 dialog.cpp 的第 28 行，可以看到发生错误的 food 变量属于 chef 变量。向上查看源码，可以看到 chef 实际上是一个局部对象实例，局部对象在函数执行完成后，会被立即销毁。而 lambda 表达式在执行时通过 & 运算符直接引用了这个已经被销毁对象的地址，最终导致程序崩溃，如图 6-6 所示。

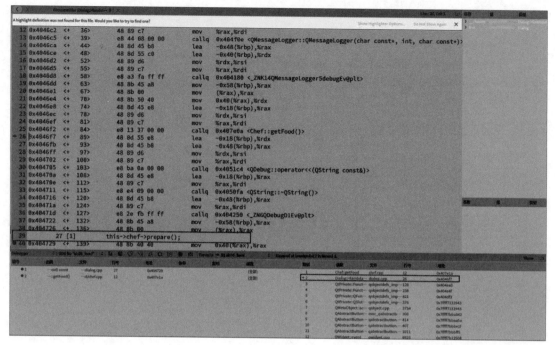

图 6-6　程序崩溃

6.2 Perf 的介绍与使用

Perf 是 Linux 内核提供的用于系统性能剖析的工具，下面介绍 Perf 及其使用方法。

6.2.1 Perf 简介

Perf 是系统性能剖析工具。最初，内核提供基础的性能计数（Performance Counters）功能，以方便开发人员观察程序的运行性能。随着后续开发工作的发展，内核又添加了许多其他功能。在 2.6 版本的内核中，Perf 最终被命名为 Performance Event。

最初 Perf 工具提供的主要功能是电源管理单元（Power Management Unit，PMU），之后内核添加了硬件事件（Hardware Event）、硬件缓存事件（Hardware Cache Event）、软件事件（Software Event）、追踪点事件（Tracepoint Event）、硬件断点（Hardware Breakpoint）等更详细的事件类型。这些类型分别代表的含义如下。

- PMU：实际上是 CPU 提供的一个物理硬件，一般在 CPU 中都会提供对应的接口，使得内核可以通过寄存器来读取 CPU 的性能数据。
- Hardware Event：由 PMU 或者 CPU 自身产生的一系列的硬件事件，例如分支预测失效（branch-misses）、时钟周期（CPU-cycles）、缓存失效（cache-misses）等。
- Hardware Cache Event：详细的缓存事件，如 L1-dcach-load-misses、L1-

dcache-loads、LLC-load-misses、branch-load-misses 等事件。

- Software Event：一般是软件自己产生的各种事件，如 dummy、page-faults、context-switches 等。
- Tracepoint Event：实际上是内核提供的一组使用用户回调函数的钩子，内核或者内核模块在关键的流程上提供对应的分支判断语句，判断一个 tracepoint 是否开启，当对应的 tracepoint 启用时，可以调用用户态提供的函数；不开启时，仅会消耗一个判断语句的性能。
- Hardware Breakpoint：能够监视对指定地址的特定类型（读 / 写）的数据访问，这有利于该类问题的定位。

内核提供的硬件相关的事件一般是固定的，变化很少的，但是软件相关的事件会随着驱动和内核功能的增加而不断变化。对于相应的发行版，可以通过如下命令来查询当前系统中支持的事件列表。

```
> sudo perf_4.9 list
```

具体事件列表如下（由于事件过多，仅保留部分内容）。

```
List of pre-defined events (to be used in -e):
  branch-instructions OR branches          [Hardware event]
  branch-misses                            [Hardware event]
  bus-cycles                               [Hardware event]
  cache-misses                             [Hardware event]
  cache-references                         [Hardware event]
  alignment-faults                         [Software event]
  bpf-output                               [Software event]
  context-switches OR cs                   [Software event]
  cpu-clock                                [Software event]
  cpu-migrations OR migrations             [Software event]
  L1-dcache-load-misses                    [Hardware cache event]
  L1-dcache-loads                          [Hardware cache event]
  L1-dcache-prefetch-misses                [Hardware cache event]
  L1-dcache-store-misses                   [Hardware cache event]
  L1-dcache-stores                         [Hardware cache event]
```

需要注意的是，Perf 工具和内核的绑定极为紧密，内核一般需要运行其对应版本的 Perf 工具。在统信 UOS 中，Perf 工具的二进制实际为 /usr/bin/perf_4.9，对应内核版本也是 4.9。

6.2.2 CPU 性能分析与火焰图

Perf 可以对进程的函数调用进行统计分析，主要通过 record 命令来记录函数的实际执行情况。假设想对统信 UOS 桌面的性能进行分析，需要执行如下操作。

```
ps -ef|grep dde-desktop
iceyer   4267 3963 0 15:50 ?    00:00:03 /usr/bin/dde-desktop
└> sudo perf_4.9 record -F 997 -p 4267 -g -- sleep 20
```

通过 ps 命令查找需要监控的 PID，并通过 Perf 的 record 命令来记录程序的函数使用情况。在使用 perf record 时，可以通过 -p 参数指定被监控的 PID；-g 参数表示记录调用栈；通过 -F 参数指定采样频率，一般来说，采样频率越大，获得的数据越精确，但相应的对系统的性能消耗也更大。在设置采样频率时，为了避免和程序自己设定的循环周期同步，导致采样不准确的问题，可以将其设置为一个质数或者不常用的数值。sleep 参数是要运行的程序，这里的作用是保证 Perf 记录的时间为 20 秒。在数据采集完毕后，可以通过 report 命令获取程序运行过程中的函数调用计数，具体如下。

```
sudo perf_4.9 report
Samples: 4K of event 'cycles', Event count (approx.): 170327434601
  Children  Self Command      Shared Object        Symbol
+  10.66%   0.00% dde-desktop  [unknown]              [.] 0x0000564d1bf8b450
+   9.22%   0.00% dde-desktop  [unknown]              [.] 0xc2a06e3373df0000
+   7.43%   0.00% dde-desktop  [unknown]              [.] 0000000000000000
+   6.80%   6.80% dde-desktop  libdde-file-manager.so.1.8.2 [.] QExplicitlySharedD
           ataPointer<FileSystemNode>::~QExplicitlySharedDataPointer
+   5.79%   0.09% dde-desktop  [kernel.kallsyms]        [k] entry_SYSCALL_64_after_hwframe
+   5.67%   0.18% dde-desktop  [kernel.kallsyms]        [k] do_syscall_64
+   3.95%   3.93% dde-desktop  libQt5Core.so.5.7.1      [.] QReadWriteLock::unlock
       3.93%     3.93% dde-desktop     libdde-file-manager.so.1.8.2 [.]
           DFileSystemModel::parent
+   3.81%   3.81% dde-desktop  libdde-file-manager.so.1.8.2 [.] DFileSystemModel::
           getNodeByIndex
+   3.69%   0.00% dde-desktop  [unknown]              [.] 0x0000564d1bd40a90
     3.28%     3.28% dde-desktop   libdde-file-manager.so.1.8.2 [.] FileSystemNode::getNodeByIndex
+   3.20%   3.20% dde-desktop  libQt5Core.so.5.7.1      [.] QReadWriteLock::lockForRead
+   2.91%   0.00% dde-desktop  [unknown]              [.] 0x0000564d1bd40ca0
```

Perf 对函数调用的统计实际上是根据采样时刻 CPU 中正在执行的指令地址来判断具体是哪一个函数在运行的。通过上述结果可以看到，对于 dde-deskop 进程，有很多符号的名称未显示出来。这是由于程序是以发布模式编译的，Perf 记录的仅仅是地址，无法获取对应函数名称。函数名称需要通过调试信息获取，在统信 UOS 中，可以通过安装对应的 dbgsym（调试符号）包来获取函数地址到函数名称的对应关系。

```
sudo apt install dde-desktop-dbgsym
```

在安装相应的调试符号包后，再次执行 report 命令，可以加入其他参数来使得 Perf 输出一个更加易懂的结果。

```
sudo perf_4.9 report -n --stdio
```

其输出如图 6-7 所示。

对于新手来说，在命令行中查看数据还是较为不便的。为此性能专家布伦丹·格雷格（Brendan Gregg）专门开发了将 Perf 结构转化为可视化图像的工具——FlameGraph。FalmeGraph 可以从 Github 网站上获取。使用 FlameGraph 将 Perf 数据转化为图像的步骤如下。

```
# To display the perf.data header info, please use --header/--header-only options.
#
#
# Total Lost Samples: 0
#
# Samples: 76K of event 'cycles:ppp'
# Event count (approx.): 6643551276
#
# Overhead      Samples  Command        Shared Object              Symbol
# ........      .......  ............    ...................        .........................
#
    26.17%       24200   swapper        [kernel.kallsyms]          [k] intel_idle
     0.77%         891   swapper        [kernel.kallsyms]          [k] menu_select
     0.57%         555   swapper        [unknown]                  [.] 0000000000000000
     0.47%         378   Thread (pooled) [kernel.kallsyms]         [k] do_syscall_64
     0.46%         159   warm-daemon    [kernel.kallsyms]          [k] __d_lookup
     0.44%          64   ps             [kernel.kallsyms]          [k] do_syscall_64
     0.33%         127   warm-daemon    [kernel.kallsyms]          [k] do_syscall_64
     0.32%         338   swapper        [kernel.kallsyms]          [k] cpuidle_enter_state
     0.24%         261   swapper        [kernel.kallsyms]          [k] do_idle
     0.24%         229   swapper        [kernel.kallsyms]          [k] ahci_single_level_irq_int
     0.24%         281   swapper        [kernel.kallsyms]          [k] update_blocked_averages
     0.22%         187   Thread (pooled) [kernel.kallsyms]         [k] update_blocked_averages
     0.22%         109   deepin-terminal libQt5Gui.so.5.11.3       [.] QTextEngine::itemize
     0.22%          31   ps             [kernel.kallsyms]          [k] syscall_return_via_sysret
     0.22%          30   ps             libc-2.28.so               [.] _IO_vfscanf
     0.21%          80   warm-daemon    [kernel.kallsyms]          [k] filldir64
     0.21%         223   swapper        [kernel.kallsyms]          [k] __schedule
     0.21%         253   sunloginclient [kernel.kallsyms]          [k] do_syscall_64
     0.20%         148   Thread (pooled) [kernel.kallsyms]         [k] kmem_cache_alloc
     0.18%          84   deepin-terminal libQt5Gui.so.5.11.3       [.] QFontEngine::subPixelPosi
     0.18%         167   swapper        [kernel.kallsyms]          [k] switch_mm_irqs_off
     0.18%         198   swapper        [kernel.kallsyms]          [k] __update_load_avg_cfs_rq
     0.17%          80   systemd-journal [kernel.kallsyms]         [k] ___bpf_prog_run
     0.17%         139   Thread (pooled) [kernel.kallsyms]         [k] __entry_SYSCALL_64_trampo
     0.17%         146   https          [kernel.kallsyms]          [k] do_syscall_64
     0.16%         194   swapper        [kernel.kallsyms]          [k] __update_load_avg_se
:
```

图 6-7　Perf 输出

（1）使用 script 工具将数据解析为文本。

```
sudo perf_4.9 script > out.perf
```

（2）对输出中的调用栈进行折叠处理。

```
~/FlameGraph/stackcollapse-perf.pl out.perf > out.folded
```

（3）生成火焰图。

```
~/FlameGraph/flamegraph.pl out.folded > out.svg
```

图 6-8 所示为统信 UOS perf record 采样后生成的火焰图。

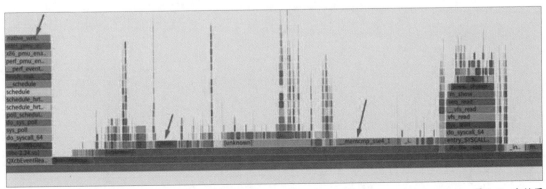

图 6-8　火焰图

在火焰图中，横轴代表统计的采样数。一般来说，如果火焰图中没有上层函数，其横轴方向较宽的色块，表示该函数实际上对处理器的占用时间较长。在图 6-8 中的箭头所示的一些函数都是需要重点分析的。

6.2.3 缓存性能分析

除了对处理器的使用进行分析，Perf 也可用于对硬件的其他指标进行分析。例如在对处理器的缓存分析上，Perf 能够帮助开发者写出特定场景下更高性能的程序。

目前对于 x86 架构的处理器，一般有 L1、L2、L3 三级处理器缓存，其距离处理器核心由近到远分布。L1 缓存最接近处理器核心，其速度也最快，典型访问时间为 1 纳秒；L2 缓存的典型访问时间约为 5 纳秒；L3 缓存的典型访问时间约为 20 纳秒。值得注意的是，处理器缓存的访问时间是和处理器时钟周期直接相关的，频率越高的处理器，其缓存访问也越快。可以看出，处理器的各级缓存之间访问速度有较大的差距，这也导致提高处理器的缓存命中率对程序运行速度有极高的价值。

一般的计算密集型程序，其处理器的缓存错失率在 80% 以上，通过合理地编写代码，可以极大地提高处理器的缓存命中率。下面通过 Perf 分析两个不同的程序来体会 Perf 的使用方法。

```c
// trans.c 文件
#define SAMPLES 1000
#define MATSIZE 1024

#include <time.h>
#include <stdio.h>

int mat[MATSIZE][MATSIZE];

void transpose()
{
  for (int i = 0 ; i < MATSIZE ; i++) {
    for (int j = 0 ; j < MATSIZE ; j++) {
      int aux = mat[i][j];
      mat[i][j] = mat[j][i];
      mat[j][i] = aux;
    }
  }
}

int main()
{
  // 初始化矩阵
  for (int i = 0 ; i < MATSIZE ; i++) {
    for (int j = 0 ; j < MATSIZE ; j++) {
      mat[i][j] = i + j;
    }
  }
```

```
int t = clock();
for (int i = 0 ; i < SAMPLES ; i++) {
  transpose();
 }

int elapsed = clock() - t;

printf("Average for a matrix of %d: %d\n", MATSIZE, elapsed / SAMPLES);
}
```

这是一个很简单的程序，用于计算给定大小的矩阵转换。观察输入大小为 512 和 513 时的程序运行时间，可以惊奇地发现，计算 513 大小的矩阵花费的时间竟然比计算 512 大小的时间更少。这时可以用 Perf 工具来观察这种情况下的处理器缓存使用情况。

```
sudo perf_4.9 stat -B -e cache-references,cache-misses,cycles,instructions,
            branches,faults,migrations ./trans512
Average for a matrix of 1024: 6320
 Performance counter stats for './trans512':
   1,114,267,038    cache-references
     11,764,108    cache-misses       #  1.056 % of all cache refs
 24,653,776,064    cycles
 43,027,512,781    instructions         # 1.75 insn per cycle
  1,055,124,449    branches
          565    faults
           0    migrations
    6.326435723 seconds time elapsed
    6.316105000 seconds user
    0.007995000 seconds sys
sudo perf_4.9 stat -B -e cache-references,cache-misses,cycles,instructions,
            branches,faults,migrations ./trans513
Average for a matrix of 1025: 5798
 Performance counter stats for './trans513':
    114,355,121    cache-references
      6,136,209    cache-misses       #  5.366 % of all cache refs
 22,553,038,302    cycles
 51,514,534,836    instructions         #  2.28 insn per cycle
  1,056,379,302    branches
          570    faults
           0    migrations
    5.802024937 seconds time elapsed
    5.802157000 seconds user
    0.000000000 seconds sys
```

可以看到，在进行 512 大小的数组计算时，缓存的丢失比计算 513 大小时足足高了一个数量级别。对于这种现象，一种解释认为：在这种情况下，512 正好是 CPU 的 L1 缓存大小的整数倍数，随着循环的进行，后面的数据会逐渐取代前面的数据，最后导致缓存刚好全部失效，导致大量的缓存丢失。如果以 513 来读取，会使缓存的丢失处于一种混乱的状态，反而不会导致缓存全部丢失。这种情况下缓存的使用不一定是最好的，但也不会是最坏的。而以 512 大小进行缓存预读取时，反而会变成最坏的情况。这个例子可以认为是缓存优化的一个反例，一般情况下认为按照 2 的幂数进行读取会提高缓存命中，但是在极端情况下反而会导致缓存集体丢失。

而另外一个常见的例子是在矩阵的乘法运算中，通过交换行列会导致不同的缓存命中率。以如下的两个程序进行说明。

在 col.c 文件中，优先从列中获取数据，而在 row.c 文件中，优先从行中获取数据。

```c
// col.c 文件
#define M 128
#define N 4096

int main() {
  int   a[M][N];
  for (int j = 0; j < N; j = j + 1) {
    for (int i = 0; i < M; i = i + 1) {
      a[i][j] = a[i][j] * 4;
    }
  }
}


// row.c 文件
#define M 128
#define N 4096

int main() {
  int   a[M][N];
  for (int i = 0; i < M; i = i + 1) {
    for (int j = 0; j < N; j = j + 1) {
      a[i][j] = a[i][j] * 4;
    }
  }
}
```

其运行结果如下。

```
sudo perf_4.9 stat -B -e cache-references,cache-misses,cycles,instructions,
            branches,faults,migrations ./row
 Performance counter stats for './row':
46,828    cache-references
    36,045    cache-misses   #  76.973 % of all cache refs
    8,985,887    cycles
   11,902,741    instructions      #  1.32 insn per cycle
    1,006,544    branches
      1,066    faults
         0    migrations
    0.002768276 seconds time elapsed
sudo perf_4.9 stat -B -e cache-references,cache-misses,cycles,instructions,
            branches,faults,migrations ./col
 Performance counter stats for './col':
     583,963    cache-references
      35,935    cache-misses   #  6.154 % of all cache refs
```

```
   18,768,463   cycles
   11,947,763   instructions       #   0.64 insn per cycle
    1,022,635   branches
        1,067   faults
            0   migrations
  0.005498837 seconds time elapsed
```

从 Perf 结果可以看出，row 程序的 cache-misses 看起来很高，但是其 cache-references 却比 col 程序小了一个数量级。表明 row 程序对 cache 的使用实际上比 col 程序小很多，这也导致在输出相同时，row 程序的性能更好。

6.3 Gperftools

Gperftools 是由 Google 主导开发的一个性能分析工具，原名 Google Performance Tools。Gperftools 主 要 提 供 内 存 检 查、内 存 性 能 分 析、CPU 性 能 分 析 等 功 能。Gperftools 的内存检查功能主要是基于 TCMalloc 实现的，因此首先需要对 TCMalloc 有一定的了解。在统信 UOS 中使用 Gperftools 需要安装相关软件包。

```
sudo apt install libgoogle-perftools-dev google-perftools
```

另外需要链接默认 pprof 程序的路径。

```
sudo ln -s /usr/bin/google-pprof /usr/bin/pprof
```

6.3.1 Thread-Caching Malloc

Thread-Caching Malloc 又叫 TCMalloc。顾名思义，TCMalloc 通过线程缓存的方法来改善内存分配中的竞争问题。其主要的思路是：在每个线程分配内存的过程中，优先通过线程来进行本地缓存分配。而全局共享的内存内容会根据需要移动到线程本地缓存中。最后使用垃圾回收机制将本地缓存归还到全局共享的内存中。

通过这样的缓存机制，TCMalloc 的首要优点是减少内存分配过程中锁的使用，对于线程缓存中的小对象，几乎不会有竞争发生；而对于大对象，TCMalloc 会使用更加精细的自旋锁提高效率。另外，TCMalloc 也对小内存对象的内存管理消耗做了优化，一般的库通过内存前插入 4 字节的头信息来进行内存管理，而 TCMalloc 则只需要 $0.01N$ 的空间进行内存管理（N 表示分配的内存对象数量）。

TCMalloc 在小内存分配上有明显的优势。在小内存的管理上，TCMalloc 并不是使用传统的准确记录内存使用大小的方式来管理内存，而是对内存大小进行划分，以 8 字节 /16 字节 /32 字节为间隔，对内存大小进行分类。例如在 TCMalloc 的算法中，961~1024 字节大小的内存都会映射为 1024 字节大小的内存块。在进行内存分配时，每个线程实际上是从本地的缓存中获取数据。这是一个链表数组，每个链表对应一个大小的内存块。分配内存过程变成一个链表节点操作的过程，在这个过程中，是完全不需要传统内存分配算法中锁的参与的。去除了小内存分配过程中的锁的参与，使 TCMalloc 在小内存分配上有着极大的优势。

6.3.2 内存检查

TCMalloc 内置了内存检查的功能，一般推荐使用链接的方式将其链接到程序中，但是如果需要分析的可执行程序并不是自己编写的，那么只能通过 LD_PRELOAD 的方式来加载 libtcmalloc.so。需要注意的是，TCMalloc 的内存检查功能是完全基于 tcmalloc 实现的，这就意味着程序的内存分配器将会被完全替换成 tcmalloc。如果程序有依赖内存分配器内部实现的行为，那么会导致不可预期的行为发生。

TCMalloc 的内存检查功能可以通过环境变量来控制参数，主要提供的 HEAP_CHEAK 配置参数如表 6-1 所示。

表 6-1　HEAP_CHEAK 配置参数

参数名称	默认值	说明
HEAP_CHECK_AFTER_DESTRUCTORS	false	开启时，程序会在所有的全局析构函数运行完毕后再进行内存检查，否则会在 REGISTERHEAPCHECKCLEANUP 之后进行检查，这一步会比全局析构函数早很多
HEAP_CHECK_IGNORE_THREAD_LIVE	true	开启时，忽略线程栈和寄存器中的可访问对象，即不会将其汇报为泄漏
HEAP_CHECK_IGNORE_GLOBAL_LIVE	true	开启时，忽略全局变量和函数，即不会将其汇报为泄漏
HEAP_CHECK_MAX_LEAKS	20	标准错误输出中最大输出的泄漏条数。这不会影响 pprof 中显示的输出。当这个值为 0 或者负数时，将会输出所有的错误
HEAP_CHECK_IDENTIFY_LEAKS	false	输出泄漏对象的内存地址
HEAP_CHECK_TEST_POINTER_ALIGNMENT	false	检查由未对齐指针导致的内存泄漏
HEAP_CHECK_POINTER_SOURCE_ALIGNMENT	sizeof(void*)	内存中的指针对齐位置，1 表示支持任意方式对齐
PPROF_PATH	pprof	pprof 程序路径
HEAP_CHECK_DUMP_DIRECTORY	/tmp	默认的数据文件存储目录

TCMalloc 提供两种内存检查的方法：一种是全程序检查，一般用于自己无法获取、构建源码的程序；另一种是直接使用 Gperftools 提供的内存检查对象来进行内存检查。在实际使用中，自己开发程序时可能更倾向于使用后一种方法进行内存检查。

用下面的一段代码来说明一下如何在自己的程序中嵌入内存检查的代码。

```
//main.c

#include <gperftools/heap-checker.h>
#include <iostream>

void memleak() {
  int* foo = new int [20];
  // 删除 []foo;
  foo = nullptr;
}

int main() {
  HeapLeakChecker heap_checker("leak");

  memleak();

  if (!heap_checker.NoLeaks()) {
    std::cout<<"memleak "<< std::endl;
  }

  return 0;
}
```

编译并运行该代码。

```
gcc -g heap-checker.cpp -ltcmalloc -lstdc++ -o heap-checker
export PPROF_PATH=/usr/bin/google-pprof
HEAPCHECK=normal ./heap-checker
```

注意编译时已经链接了 tcmalloc，这也是 Gperftools 推荐的做法。通过配置 HEAPCHECK=normal 打开内存检查开关并运行程序，结果如下。

```
WARNING: Perftools heap leak checker is active -- Performance may suffer
Have memory regions w/o callers: might report false leaks
Leak check leak detected leaks of 80 bytes in 1 objects
The 1 largest leaks:
Leak of 80 bytes in 1 objects allocated from:
    @ 5601a2f12c72
    @ 5601a2f12ca2
    @ 7fe7aa9272e1
    @ 5601a2f12b5a
    @ 0
If the preceding stack traces are not enough to find the leaks, try running THIS
shell command:
pprof ./heap-checker "/tmp/heap-checker.1354.leak-end.heap" --inuse_objects
--lines --heapcheck --edgefraction=1e-10 --nodefraction=1e-10 --gv
If you are still puzzled about why the leaks are there, try rerunning this program
with HEAP_CHECK_TEST_POINTER_ALIGNMENT=1 and/or with HEAP_CHECK_MAX_POINTER_
OFFSET=-1
If the leak report occurs in a small fraction of runs, try running with TCMALLOC_
MAX_FREE_QUEUE_SIZE of few hundred MB or with TCMALLOC_RECLAIM_MEMORY=false, it
```

```
might help find leaks mo
memleak
Have memory regions w/o callers: might report false leaks
Leak check _main_ detected leaks of 80 bytes in 1 objects
The 1 largest leaks:
Using local file ./heap-checker.
Leak of 80 bytes in 1 objects allocated from:
      @ 5601a2f12c72 memleak
      @ 5601a2f12ca2 main
      @ 7fe7aa9272e1 __libc_start_main
      @ 5601a2f12b5a _start
      @ 0 _init
If the preceding stack traces are not enough to find the leaks, try running THIS
shell command:
pprof ./heap-checker "/tmp/heap-checker.1354._main_-end.heap" --inuse_objects
--lines --heapcheck --edgefraction=1e-10 --nodefraction=1e-10 --gv
If you are still puzzled about why the leaks are there, try rerunning this program
with HEAP_CHECK_TEST_POINTER_ALIGNMENT=1 and/or with HEAP_CHECK_MAX_POINTER_
OFFSET=-1
If the leak report occurs in a small fraction of runs, try running with TCMALLOC_
MAX_FREE_QUEUE_SIZE of few hundred MB or with TCMALLOC_RECLAIM_MEMORY=false, it
might help find leaks
Exiting with error code (instead of crashing) because of whole-program memory
leaks
```

从输出结果可以看出，Gperftools 顺利检查出了泄漏程序的泄漏调用栈，并且由于程序使用了 -g 参数进行编译，这样 Gperftools 也能顺利解析出具体的泄漏函数的名称。但是通过命令行的结果无法得出具体的泄漏代码点。如果泄漏函数比较复杂，也难以定位具体的泄漏位置。这时，可以参考提示，使用 pprof 进一步获取更加准确的输出结果。

```
pprof ./heap-checker "/tmp/heap-checker.1354._main_-end.heap" --inuse_objects
--lines --heapcheck --edgefraction=1e-10 --nodefraction=1e-10 --gv
```

执行 pprof 进行解析后，输出结果如图 6-9 所示。

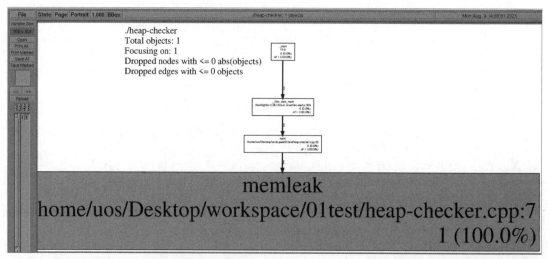

图 6-9 pprof 解析后的输出结果

可以看到，pprof 中清楚地标示出了代码泄漏点为 heap-checker.cpp 的第 7 行。这和代码中的泄漏位置是完全对应的。

6.3.3 内存性能分析

除了对内存泄漏进行分析外，TCMalloc 还可以对内存的使用情况进行分析，协助解决程序的内存性能瓶颈。由于 TCMalloc 接管了程序的内存分配器，因此它可以很容易地监控程序的 malloc、calloc、realloc、new 等内存活动，进而提供有价值的程序运行信息。

使用 TCMalloc 进行内存分析的方法同内存检查时类似，都需要链接 tcmalloc 库，或者使用 LD_PRELOAD 接管程序的内存分配器。TCMalloc 中和内存性能分析相关的 HEAP_PROFILE 配置参数可以参考表 6-2。

表 6-2　HEAP_PROFILE 配置参数

参数名称	默认值	说明
HEAP_PROFILE_ALLOCATION_INTERVAL	1072741824	每分配多大内存进行一次性能信息存储
HEAP_PROFILE_INUSE_INTERVAL	104857600	当高水位内存使用标记增加指定的字节数时，转储堆分析信息
HEAP_PROFILE_TIME_INTERVAL	0	每次超过指定的时间（秒）时，转储堆分析信息
HEAP_PROFILE_SIGNAL	false	每当指定信号发送到进程时，转储堆分析信息
HEAP_PROFILE_MMAP	false	除了 malloc、calloc、realloc 和 new，还可以调用 mmap、mremap 和 sbrk。注意：这会导致探查器分析 tcmalloc 内部的调用，因为 tcmalloc 在内部使用 mmap 和 sbrk 进行分配。一个部分解决方案是在运行 pprof 时过滤掉这些分配，例如 pprof --ignore='DoAllocWithArena | SbrkSysAllocator :: Alloc |
HEAP_PROFILE_ONLY_MMAP	false	仅配置 mmap、mremap 和 sbrk；不分析 malloc、calloc、realloc 或 new
HEAP_PROFILE_MMAP_LOG		mmap / munmap 调用

同样，此处使用一个示例程序来说明一下 Gperftools 如何分析程序的内存性能，示例

程序如下。

```cpp
// heap-profiler.cpp

#include <iostream>

// 分配 4×1 兆字节的内存使用，假定 int 的大小为 4 字节
void* memory_new_mass() {
  return new int[1024*1024];
}

// 分配 4×128 千字节的内存使用，假定 int 的大小为 4 字节
void* memory_new_less() {
  return new int[128*1024];
}

// 分配 4×128 字节的内存使用，假定 int 的大小为 4 字节
void* memory_new_min() {
  return new int[128];
}
int main() {
  memory_new_less();
  memory_new_mass();

  for (int i=0; i<1024; ++i) {
    memory_new_min();
  }

  return 0;
}
```

在这段示例程序中，共有 3 个函数使用了内存分配，一个分配了 4 兆字节的内存，一个分配了 512 千字节的内存，另外一个只分配了 512 字节的内存，但是调用了 1024 次。使用 GCC 编译该程序。

```
gcc -g heap-profiler.cpp -ltcmalloc -lstdc++ -o heap-profiler
```

注意需要链接 tcmalloc 库。

开启分析参数并运行程序。

```
HEAPPROFILE=./heap-profiler.hprof ./heap-profiler
Starting tracking the heap
Dumping heap profile to ./heap-profiler.hprof.0001.heap (Exiting, 5 MB in use)
```

分析结果将会存储在以 000x.heap 结尾的数据文件中，如果有大量的内存分配，那么一旦分配的内存数量超过前面设置的信息存储阈值，就会发生性能信息的存储。这样会出现多个 HEAP 数据文件。使用 pprof 可以看到具体的内存分析结果。

```
pprof --text heap-profiler ./heap-profiler.hprof.0001.heap
Using local file heap-profiler.
```

```
Using local file ./heap-profiler.hprof.0001.heap.
Total: 5.0 MB
    4.0 80.0% 80.0%    4.0 80.0% memory_new_mass
    0.5 10.0% 90.0%    0.5 10.0% memory_new_less
    0.5 10.0% 100.0%   0.5 10.0% memory_new_min
    0.0  0.0% 100.0%   5.0 100.0% __libc_start_main
    0.0  0.0% 100.0%   5.0 100.0% _start
    0.0  0.0% 100.0%   5.0 100.0% main
```

也可以使用图形化的界面进行查看。

```
pprof --gv heap-profiler ./heap-profiler.hprof.0001.heap
```

结果如图 6-10 所示。

可以直观地看出来，memory_new_mass 函数分配了 80% 的内存，即 4.0MB 的内存，而 memory_new_less 和 memoy_new_min 只使用了 10% 的内存，即各 0.5MB 的内存，由于 memory_new_min 被调用了多次，这也导致其内存使用是和 memory_new_less 是一样的。

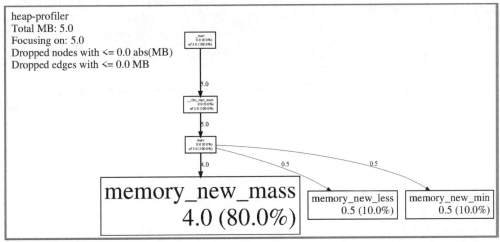

图 6-10　图形化的界面查看 1

6.3.4 处理器性能分析

作为一个通用的性能分析工具，Gperftools 提供了较为完善的处理器性能分析。同 TCMalloc 一样，Gperftools 的处理器性能分析工具也支持通过不同的方式来启用。

首先是通用的方法，即通过设置 LD_PRELOAD 环境变量来启用性能分析工具。

```
LD_PRELOAD="/usr/lib/libprofiler.so" path_to_file
```

其次是通过 -lprofiler 参数来将性能分析工具链接到目标二进制程序中。

另外，libprofiler 在设计上支持动态地开启和关闭性能监控，这对于在具体的业务场景下进行性能监控是十分方便的，它是通过 CPUPROFILESIGNAL 这个环境变量实现的。

```
CPUPROFILE=cpu.prof CPUPROFILESIGNAL=12 path_to_file
```

然后通过 killall 命令向程序发送相应的信号，就可以切换性能监视开关了。

```
killall -12 path_to_file
```

最后，libprofiler.so 也支持在代码级别使用 ProfilerStart/ProfilerStop 函数来手动地启用和关闭性能分析工具。

libprofiler.so 支持的 CPU_PROFILE 配置参数如表 6-3 所示。

表 6-3　CPU_PROFILE 配置参数

参数名称	默认值	说明
CPUPROFILE_FREQUENCY	100	每秒采样的次数
CPUPROFILE_REALTIME	None	如果设置成任何值（包括 0 以及空串），则使用 ITIMER_REAL 信号代替 ITIMER_PROF 信号来搜集分析数据。一般来说，ITIMER_REAL 不如 ITIMER_PROF 精确，而且和 alarm 混合使用效果糟糕，所以没有特别的理由时，建议使用 ITIMER_PROF

一般可以使用 profiler 来分析不同算法对处理器的使用情况，示例代码如下。

```cpp
#include <cmath>
#include <cfloat>

float sqrt1(float n)
{
  float low,up,mid,last;
  low=0,up=(n<1?1:n);
  mid=(low+up)/2;
  do
  {
    if(mid*mid>n)
      up=mid;
    else
      low=mid;
    last=mid;
    mid=(up+low)/2;
  } while(fabsf(mid-last) > FLT_EPSILON );

  return mid;
}

float sqrt2(float x)
{
  float val=x;
```

```
  float last;
  do
  {
    last = val;
    val =(val + x/val) / 2;
  } while(fabsf(val-last) > FLT_EPSILON );

  return val;
}

int main() {
  int stop=10*1024*1024;

  for (int i=0; i<stop; ++i) {
    sqrt1(i);
  }

  for (int i=0; i<stop; ++i) {
    sqrt2(i);
  }

  return 0;
}
```

首先构建该程序。

```
gcc -g -o cpu-profiler cpu-profiler.cpp
```

注意这里没有链接 libprofiler.so，这样就需要在运行时指定 LD_PRELOAD 来加载 libprofiler.so。

```
LD_PRELOAD="/usr/lib/libprofiler.so" CPUPROFILE=cpu-profiler.prof ./cpu-profiler
```

运行一段时间后，可以使用 pprof 工具对输出结果进行分析，首先输出结果。

```
pprof --text ./cpu-profiler cpu-profiler.prof
Using local file ./cpu-profiler.
Using local file cpu-profiler.prof.
Total: 438 samples
   305  69.6%  69.6%    305  69.6% sqrt1
   128  29.2%  98.9%    128  29.2% sqrt2
     5   1.1% 100.0%    438 100.0% main
     0   0.0% 100.0%    438 100.0% _libc_start_main
     0   0.0% 100.0%    438 100.0% _start
```

可以看到占用比较高的函数是 sqrt1，说明 sqrt1 的性能比 sqrt2 差。另外也可以输出图形化的结果，如图 6-11 所示。

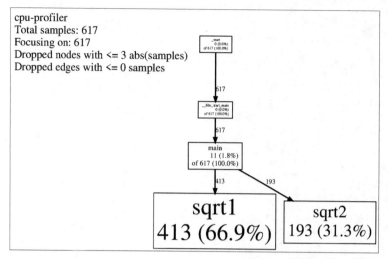

图 6-11　图形化的界面查看 2

为了更加准确地分析性能，pprof 还提供了简单的反汇编功能，使用 disasm 即可得到函数对应的汇编代码，具体如下。

```
pprof --disasm=sqrt2 ./cpu-profiler ./cpu-profiler.prof
Using local file ./cpu-profiler.
Using local file ./cpu-profiler.prof.
ROUTINE ====================== sqrt2
  128   128 samples (flat, cumulative) 29.2% of total
-------------------- ...ocuments/book-toc/ch08/8.1.4-gerftools/cpu-profiler.cpp
    .     .   23: {
    .     .      721: push  %rbp
    .     .      722: mov   %rsp,%rbp
    .     .      725: movss %xmm0,-0x14(%rbp)
    .     .   24: float val=x;
    .     .      72a: movss -0x14(%rbp),%xmm0
    .     .      72f: movss %xmm0,-0x4(%rbp)
    .     .   28: last = val;
    .     .      734: movss -0x4(%rbp),%xmm0
    .     .      739: movss %xmm0,-0x8(%rbp)

   74    74   29: val =(val + x/val) / 2;
    .     .      73e: movss -0x14(%rbp),%xmm0
    3     3      743: divss -0x4(%rbp),%xmm0
   18    18      748: addss -0x4(%rbp),%xmm0
    8     8      74d: movss 0x12f(%rip),%xmm1    # 884 <_IO_stdin_used+0x14>
    .     .      755: divss %xmm1,%xmm0
   45    45      759: movss %xmm0,-0x4(%rbp)
   48    48   30: } while(fabsf(val-last) > FLT_EPSILON );
    3     3      75e: movss -0x4(%rbp),%xmm0
   16    16      763: subss -0x8(%rbp),%xmm0
   16    16      768: movss 0x120(%rip),%xmm1    # 890 <_IO_stdin_used+0x20>
    .     .      770: andps %xmm1,%xmm0
   10    10      773: ucomiss 0x126(%rip),%xmm0   # 8a0 <_IO_stdin_used+0x30>
    3     3      77a: jbe   77e <sqrt2+0x5d>
    5     5   26: do
```

```
5    5      77c: jmp   734 <sqrt2+0x13>
1    1   31: return val;
1    1      77e: movss -0x4(%rbp),%xmm0
.    .   32: }
.    .      783: pop   %rbp
.    .      784: retq
```

同时，pprof 也可以生成其他格式的数据，比如为 kcachegrind 生成对应的数据文件，代码如下。

```
pprof --callgrind ./cpu-profiler ./cpu-profiler.prof > cpu-profiler.callgrind
kcachegrind cpu-profiler.callgrind
```

> **注意** kcachegrind 是 Valgrind 的一部分，Valgrind 会在后面进行更加详细的介绍。

6.4 使用 Valgrind 进行内存分析

Valgrind 是由朱利安·苏厄德（Julian Seward）发起的一个开源项目，它是一系列动态分析工具的集合。目前 Valgrind 包括的工具有内存错误检测器、线程错误检测器、缓存/分支预测分析器、调用关系生成器以及堆分析器。

Valgrind 的内存检查是一般开发者最常用的功能。为了更好地使用内存检查功能，需要更改编译参数。在可控的范围内，最好能用 -g 参数，即构建程序时加入调试信息；使用 -O0 也可以接受，这会带来一定的性能损失；如果使用 -O1 进行构建，那么会导致行号不精确；不建议使用 -O2 来构建程序，这会导致程序汇报不存在的未初始化错误。

对于 C++/C 这种对指针依赖比较强的语言来说，内存问题一直是程序开发过程中无法避免的问题。下面通过一个简单的程序来说明 Valgrind 是如何检查代码中的内存错误的。

```c
#include <stdlib.h>

void memory_leak(void)
{
  int* x = malloc(8 * sizeof(int));
}

void out_of_bounds()
{
  int *a = malloc(4 * sizeof(int));
  a[4] = 1;
}

void wild_pointer()
{
  int* a = malloc(8*sizeof(int));
  int* b = a;
```

```
    free(a);
    b[1] = 2;
}

int main(void)
{
    memory_leak();
    out_of_bounds();
    wild_pointer();
    return 0;
}
```

对于上述程序，主要存在的问题如下。

首先是内存未释放问题，在较为庞大的应用程序中，内存的申请者和使用者一般并不是同一个函数或者对象，这就给内存的生命周期管理带来了很多问题。在传统的程序开发中，内存泄漏问题没有很好的解决方案，只能通过良好的编程规范来避免。

其次是内存越界问题，在内存分配过程中，对于堆上内存，边界条件判断问题很容易导致访问未分配区域的内存。对于这种情况，Valgrind 能够很好地检测出来。

最后，野指针问题也是程序开发中常见的问题，特别是在多线程程序中，这种问题更难以发现。

为了验证 Valgrind 的结果，先使用 -g 参数来编译上述程序。

```
gcc -g main.c
```

然后使用 Valgrind 运行程序。

```
valgrind --leak-check=full ./a.out
```

输出结果如下。

```
==19832== Memcheck, a memory error detector
==19832== Copyright (C) 2002-2017, and GNU GPL'd, by Julian Seward et al.
==19832== Using Valgrind-3.14.0 and LibVEX; rerun with -h for copyright info
==19832== Command: ./a.out
==19832==
==19832== Invalid write of size 4
==19832==    at 0x10917C: out_of_bounds (main.c:11)
==19832==    by 0x1091DE: main (main.c:26)
==19832==  Address 0x4a350b0 is 0 bytes after a block of size 16 alloc'd
==19832==    at 0x483577F: malloc (vg_replace_malloc.c:299)
==19832==    by 0x10916F: out_of_bounds (main.c:10)
==19832==    by 0x1091DE: main (main.c:26)
==19832==
==19832== Invalid write of size 4
==19832==    at 0x1091C3: wild_pointer (main.c:20)
==19832==    by 0x1091E8: main (main.c:27)
==19832==  Address 0x4a350f4 is 4 bytes inside a block of size 32 free'd
==19832==    at 0x48369AB: free (vg_replace_malloc.c:530)
==19832==    by 0x1091BA: wild_pointer (main.c:19)
```

```
==19832==   by 0x1091E8: main (main.c:27)
==19832== Block was alloc'd at
==19832==   at 0x483577F: malloc (vg_replace_malloc.c:299)
==19832==   by 0x1091A2: wild_pointer (main.c:17)
==19832==   by 0x1091E8: main (main.c:27)
==19832==
==19832==
==19832== HEAP SUMMARY:
==19832==   in use at exit: 32 bytes in 1 blocks
==19832==   total heap usage: 3 allocs, 2 frees, 80 bytes allocated
==19832==
==19832== 32 bytes in 1 blocks are definitely lost in loss record 1 of 1
==19832==   at 0x483577F: malloc (vg_replace_malloc.c:299)
==19832==   by 0x109156: memory_leak (main.c:5)
==19832==   by 0x1091D4: main (main.c:25)
==19832==
==19832== LEAK SUMMARY:
==19832==   definitely lost: 32 bytes in 1 blocks
==19832==   indirectly lost: 0 bytes in 0 blocks
==19832==     possibly lost: 0 bytes in 0 blocks
==19832==   still reachable: 0 bytes in 0 blocks
==19832==        suppressed: 0 bytes in 0 blocks
==19832==

==19832== For counts of detected and suppressed errors, rerun with: -v
==19832== ERROR SUMMARY: 3 errors from 3 contexts (suppressed: 0 from 0)
```

输出结果格式一般如下。

19832 一般表示 PID，即进程 ID，可用于和其他工具进行联合调试时进行关联，但是一般使用不上。

PID 后面紧接的一般是错误类型描述，如 "Invalid write of..." 表示内存写入错误，在这个程序中主要是因为内存越界以及使用悬空指针导致的写入错误。

在错误类型描述下面的内容比较重要，一般是程序错误位置的堆栈记录。通过堆栈可以轻易地看出在 "at 0x10917C: out_of_bounds (main.c:11)" 和 "at 0x1091C3: wild_pointer (main.c:20)" 两个位置发生了内存写入错误，通过文件行号可以直接定位到错误发生的位置。

在输出结果的最后，有对内存使用的汇总，主要需关注其中对内存泄漏的汇报情况，如 "32 bytes in 1 blocks are definitely lost in loss record 1 of 1" 表示有 32B 的内存发生了泄漏。由于 Valgrind 的检测不可能是完全准确的，所以对于内存泄漏主要有两种类型。

- definitely lost：确定发生的内存泄漏，这种问题是必须修复的。
- possibly lost：可能发生泄漏，需要进行检查。除非是使用较为少见的方法来释放内存，如通过动态算法来计算内存的释放地址。一般来说，程序中不应该这样使用内存。

尽管 Valgrind 工具很强大，但也不是万能的，Valgrind 最常见的限制是无法检查栈上的内存使用情况，例如下面的实例。

```
int main(void)c
{
  int a[4] = {0};
  a[4] = 1;
  return 0;
}
```

对于在栈上发生的内存越界，Valgrind 是无能为力的。关于这一点，读者可以通过对上述的示例进行编译以后，运行 Valgrind 来进行了解。

第 **7** 章

DTK 的使用

DTK（Development Toolkit）是统信软件基于 Qt 开发的一整套简单且实用的通用开发框架，处于统信 UOS 中的核心位置，其前身为 Deepin UI 项目以及后来的 DUI 项目，这两个项目是在统信 UOS 的桌面环境、原创应用开发过程中积累的一些常见工具类和控件库。

【目标任务】

掌握 DTK 的安装、DTK 项目开发过程、程序单实例、日志文件、主窗口、自定义标题栏、DTK 中的控件、切换主题、添加设置界面、添加帮助手册等概念和操作过程。

【知识点】

- DTK 简介和安装。
- DTK 项目开发。
- 程序单实例。
- 日志文件。
- 主窗口。
- 自定义标题栏。
- DTK 中的控件。
- 切换主题。
- 添加设置界面。
- 添加帮助手册。

7.1 DTK 简介

Deepin UI 项目为 Python 项目，基于 GTK+ 2.0 图形开发框架，主要用于支撑统信 UOS 1.0 和 2.0 的开发；DUI 项目则为 C++ 项目，基于 Qt 5 图形开发框架，主要用于支撑统信 UOS 3.0 的开发；在统信 UOS 4.0 及之后版本的开发中，为了规范 DUI 项目的开发并且重新梳理其结构，将 DUI 项目改名为 DTK，并分拆成以 dtk 开头的几个项目，一直开发维护至今。

所以，狭义上的 DTK 是指 dtkcore、dtkwidget 和 dtkwm 等项目的合称，其功能主要包括新的控件和控件样式、程序日志、文件监控、汉字转拼音等；而广义的 DTK 则是指统信 UOS 提供的一系列应用程序开发接口，除了前面提到的几个项目，还有 libdframeworkdbus、任务栏插件、文件管理器插件等用来扩展桌面环境功能的开发库。

DTK 按照功能划分成 3 个项目，即 dtkcore、dtkgui 和 dtkwidget。

- dtkcore：提供应用程序开发中的工具类，如程序日志、文件系统监控、格式转换等工具类。
- dtkgui：提供 GUI 程序开发中的工具类，如主窗口的样式控制工具等。
- dtkwidget：提供一些额外的控件和控件样式。

7.2 安装 DTK 开发包

DTK 开发包可在终端使用命令安装，具体如下。

（1）打开终端。

（2）执行下列命令。

```
sudo apt-get install libdtkwidget-dev libdtkcore-dev  -y
sudo apt-get install libdframeworkdbus-dev -y
```

依照提示输入用户密码进行安装即可。

7.3 第一个 DTK 项目

选定软件开发目录，打开目录所在位置，在目录任意处右击，打开终端，输入如下命令“克隆”基本框架。

```
git clone https://gitee.com/yjmshl/DtkDemo.git
```

打开程序的 PRO 文件，内容如下。

```
QT += core gui
greaterThan(QT_MAJOR_VERSION, 4): QT += widgets
```

```
TARGET = dtk-gallery
TEMPLATE = app

CONFIG += c++11 link_pkgconfig
PKGCONFIG += dtkwidget

SOURCES += \
    main.cpp

RESOURCES += resources.qrc
```

可以看到，文件中的内容与普通 Qt 程序的 PRO 文件没有太多不同，只是默认开启 pkg-config 支持，并且添加了 dtkwidget 库为依赖。另外，文件中默认添加了名为 resources.qrc 的资源文件，这个文件是为了方便添加 DTK 程序而需要的一些图标资源文件，如刚才提到的程序关于对话框中的图标以及标题栏左侧的应用程序图标等。

在 main.cpp 文件中，DApplication 和 DMainWindow 替代了 Qt 中常见的 QApplication 和 QMainWindow，构成了一个最基本的 DTK 程序。

其中，DApplication 继承自 QApplication，在使用方式上没有太大不同。DApplication 在 QApplication 的基础上，加入了对桌面环境特性（如窗口背景模糊、窗口圆角等）的融合。需要注意的是，使用 DTK 的控件一般会要求程序使用 DApplication，否则效果可能相差甚大。DMainWindow 则继承自 QMainWindow，虽然两者是继承关系，但是由于两者在表现上差异较大，因此在使用上也有些不同，后文会进行详细说明。

main.cpp 文件的内容如下。

```
#include <DApplication>
#include <DMainWindow>
#include <DWidgetUtil>

DWIDGET_USE_NAMESPACE

int main(int argc, char *argv[])
{
    DApplication::loadDXcbPlugin();
    DApplication a(argc, argv);

    a.setAttribute(Qt::AA_UseHighDpiPixmaps);
    a.setOrganizationName("deepin");
    a.setApplicationName("dtk application");
    a.setApplicationVersion("1.0");
    a.setProductIcon(QIcon(":/images/logo.svg"));
    a.setProductName("Dtk Application");
    a.setApplicationDescription("This is a dtk template application.");


    DMainWindow w;
    w.setMinimumSize(500, 500);
```

```
        w.show();

        Dtk::Widget::moveToCenter(&w);
        return a.exec();
    }
```

在上面的代码中，DApplication 对象还设置了一系列的程序、产品相关的属性，这些属性主要在命令行参数、产品关于对话框中使用。

7.4 关于对话框的修改

下面通过对关于对话框的修改，来介绍 DTK 的具体开发过程。单击标题栏中的菜单按钮，默认有两项内容，一个是关于（About）；另外一个是退出（Exit）。选择退出，程序会直接退出；如果选择关于，则会显示程序默认的关于对话框，如图 7-1 所示。

图 7-1　程序默认的关于对话框

关于对话框中的内容一般包含程序图标、版本号、开发商标志（Logo）、官网地址、鸣谢以及程序描述等内容，应用开发者可以根据自己的需求对其进行修改和定制。

修改程序关于对话框的内容有两种方式，一种方式是通过设置 DApplication 相关的属性进行修改，修改后的属性会被程序关于对话框识别并使用；另一种方式则是通过 DAppliation 获取程序的关于对话框的 DAboutDialog 对象，然后通过 DAboutDialog 类提供的相关函数接口进行信息的设置。

这里推荐使用第一种方式。虽然现在 DTK 中除了 DAboutDialog 还没有其他部分会使用这些信息，但是将来可能对此功能进行扩展，这些信息也可以被复用。

dtk-gallery 作为本章的实例程序，主要用来介绍 DTK 各个方面的使用方法，以及展

示 DTK 中特殊控件的样式。根据这些信息，修改实例程序中设置关于对话框的相关属性，
在 main.cpp 中，代码如下。

```
// 设置组织名称
a.setOrganizationName("deepin");
// 设置程序名称
a.setApplicationName("dtk-gallery");
// 设置程序版本号
a.setApplicationVersion("0.1");
// 设置程序图标
a.setProductIcon(QIcon(":/images/logo.svg"));
// 设置程序产品名称
a.setProductName("DTK Widgets Gallery");
// 设置程序描述信息
a.setApplicationDescription("DTK widgets gallery is an demo application to
demonstrate how DTK works.");
// 不显示鸣谢链接
a.setApplicationAcknowledgementVisible(false);
// 设置程序授权
setApplicationLicense("GPLv3");
```

修改后的关于对话框展示效果如图 7-2 所示。

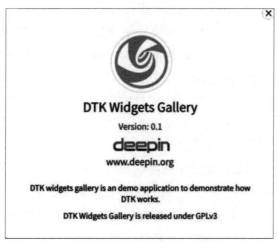

图 7-2　修改后的关于对话框

当然，除了修改代码以外，程序资源文件中的 logo.svg 文件也需要替换为程序图标的
文件，本例为方便起见，直接使用 deepin 的标志作为程序的图标。

7.5　程序单实例

在构建统信 UOS 桌面环境和众多应用的过程中，我们发现很多情况下，程序需要确
保同时运行的实例只有一个，也就是平常所说的程序单实例，所以将程序单实例的功能融
入 DTK 中。因此，在使用 DApplication 的程序中实现单实例效果非常简单，只需要使用
DApplication 类的 setSingleInstance 方法即可。

```
DApplication a(argc, argv);
 if (!a.setSingleInstance("dtk-gallery"))
   return 0;
```

上面几行代码实现的效果：如果当前程序已经有一个实例在运行，则 DApplication::setSingleInstance 函数会返回 false，新实例直接退出程序。

如果程序需要感知新实例的启动，也可以监听 DApplication::newInstanceStarted 信号，在信号处理的函数中执行一定的动作，如常见的是将主窗口置顶等。

7.6 日志文件

日志文件是记录程序运行过程中一些关键执行信息的文件，是为了方便对程序运行过程中出现的一些问题进行回溯和追踪的一种调试手段。在 Qt 程序中，只提供了在终端输出日志和调试信息的工具，如果有将日志保存至文件的需求，则需要通过 qInstallMessageHandler 注册日志处理函数来进行处理。

为了方便使用以及统一日志文件的存放路径，在 DTK 中添加了日志文件处理的工具类 DLogManager，用于对日志相关事项统一进行处理。

DLogManager 类属于 dtkcore 模块，使用时需引入头文件 DLog，并且使用宏 DCORE-USE_NAMESPACE 声明使用其所在命名空间。使用时只需在 main 函数中的 DApplication 构造后添加如下代码即可。

```
// 设置终端日志和日志文件处理
DLogManager::registerConsoleAppender();
DLogManager::registerFileAppender();
```

编译并运行程序，此时程序运行中使用 qDebug 等方法输出的日志除了会出现在终端上，也会写入 ~/.cache/deepin/dtk-gallery/dtk-gallery.log 文件。日志文件的路径主要取决于前面给 DApplication 设置的相关属性，如本例路径中的 deepin 为 DApplication::organizationName 属性，dtk-gallery 则是 DApplication::applicationName 属性的值。

7.7 主窗口

一个程序的主窗口是图形应用程序的内容展示区域，因此显得尤为重要。向 DMainWindow 中添加内容的方式和向 QMainWindow 中添加内容的方式并无不同，都是通过 setCentralWidget 设置主窗口的内容。

为了方便构建主窗口的"复杂"界面结构，一般会创建一个新类继承自 DMainWindow，然后在这个类的基础上构建应用程序的主界面。在本例中，新建 MainWindow 类继承自 DMainWindow，代码如下。

```
MainWindow::MainWindow()
  : DMainWindow()
{
  // 构建主窗口界面内容
  initUI();

  // 初始化信号槽连接
  initConnections();
}

void MainWindow::initUI()
{
  // 设置主窗口内容
  QFrame *content = new QFrame;
  content->setStyleSheet("background: red");

  setCentralWidget(content);
}

void MainWindow::initConnections()
{
}
```

代码中的 initUI 和 initConnections 函数是 DTK 程序中约定成俗的一种"模式": 在纯界面的类代码中, initUI 主要用于构建图形界面, initConnections 则主要用于初始化控件信号和槽函数的连接。

在 MainWindow 类的 initUI 函数中, 创建一个 QFrame 对象, 用作主窗口的内容控件, 并使用 setCentralWidget 函数设置 MainWindow。为了更加清晰地展示主窗口的内容区域, 给 content 对象设置背景色为红色 (即图 7-3 中深色区域) 的样式, 运行效果如图 7-3 所示。

图 7-3　主窗口运行效果

7.8 自定义标题栏

在 DTK 风格的应用程序中，一般主窗口都包含一个标题栏。严格意义上来说，标题栏也属于主窗口的内容，而不仅是图 7-3 中深色的部分。不过，对于一般的程序来说，人们主要关注的是非标题栏区域所展示的界面内容，所以一般说主窗口的区域即指图 7-3 中深色的那部分区域。

主窗口包含的标题栏在 DTK 中使用 DTitlebar 类来表示。DTitlebar 本身具有非常高的定制性，甚至可以将一些控件摆在标题栏上，而不只是用来显示窗口图标和标题。因此，在 DTK 风格的程序中，为了方便用户进行快捷操作，程序往往会对标题栏进行自定义，放置一些快捷操作控件在标题栏上（如统信 UOS 的看图应用）。

在 dtk-gallery 例子中，为了向应用开发者更清晰地展示 DTK 中的控件和类，主窗口区域需要分两个部分进行切换展示：Controls 和 Effects。其中，Controls 部分主要展示 DTK 中特有的控件，Effects 部分主要展示 DTK 中辅助实现特殊效果的一些类。因此，为了方便用户快速进行界面切换，可在标题栏上放置一个类似标签页的控件 DSegmentedControl。

修改 MainWindow 类的代码，在其 initUI 中添加如下代码。

```
m_seg = new DSegmentedControl;

// 为 DSegmentedControl 添加选项
m_segControlsIndex = m_seg->addSegmented("Controls");
m_segEffectsIndex = m_seg->addSegmented("Effects");
// 在标题栏中显示 DSegmentedControl 控件
titlebar()->setCustomWidget(m_seg, true);
```

并在其 initConnections 函数中添加如下代码。

```
connect(m_seg, &DSegmentedControl::currentChanged, this, [this] (int index){
    qDebug() << m_seg->getText(index);
});
```

经过上面的修改后，运行程序，效果如图 7-4 所示。

图 7-4　修改后主窗口运行效果

单击控件中的选项，程序就会在日志中显示对应选项的标题。

7.9 DTK 中的控件

Qt Quick Controls 2 提供了一组控件，可用在 Qt Quick 中构建完整的界面。该模块在 Qt 5.7 中引入。

7.9.1 Controls 页面

在 Controls 页面中，dtk-gallery 程序将会展示 DTK 中特有的图形控件，如图 7-5 所示，包括进度控件、按钮控件、输入控件、其他控件等。

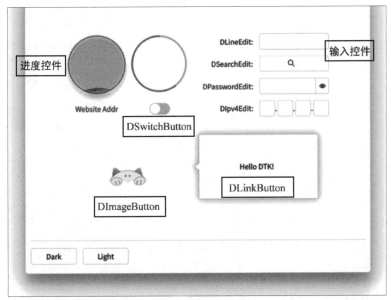

图 7-5　DTK 图形控件

下面对图 7-5 中涉及的控件分别进行说明。

1. 进度控件

DTK 中用来展示进度的控件主要有两个：DWaterProgress 和 DCircleProgress，即图 7-5 中的两个圆形控件，左边为 DWaterProgress，右边为 DCircleProgress。两者在主要功能使用上并无太多不同，创建控件实例后，使用 setValue 即可修改进度值。以下代码将两个控件的进度设置为 10%。

```
m_waterProgress->setValue(10);
m_circleProgress->setValue(10);
```

不同的是，DWaterProgress 为动态显示的控件，在调用 DWaterProgress::start 方法以后控件即开始水纹波动的动画；DCircleProgress 则具有一定的样式定制性，总量环形和当前进度的部分可以分别设置颜色。

```
// 设置总量环形颜色为灰色
m_circleProgress->setBackgroundColor(Qt::gray);

// 设置当前进度部分颜色为浅蓝色
m_circleProgress->setChunkColor(QColor("#B3D9FE"))
```

以上代码将 DCircleProgress 进度控件的总量环形的颜色设置为灰色，同时设置当前进度部分的颜色为浅蓝色。

2. 按钮控件

图 7-5 中有 3 个 DTK 特有的按钮控件，它们分别是 DLinkButton、DSwitchButton 和 DImageButton，其中 DImageButton 的展现形态为一只小猫。

DLinkButton 继承自 QPushButton，二者除了默认样式不同外，其余的功能基本一致。在目前的 DTK 版本中，使用 DLinkButton 时，只能设置按钮的展示文字，如果需要设置单击按钮打开链接，需要监听按钮的 clicked 信号，在槽函数中打开相应链接，示例代码如下。

```
// DLinkButton 单击时使用 QProcess 执行命令打开特定网址
connect(m_linkButton, &DLinkButton::clicked, this,
        [this] ()
        {
            QProcess::startDetached("xdg-open https://www.deepin.org");
            m_message->setText("Link opened!");
        });
```

DSwitchButton 是一个包含两种状态（checked 和非 checked）的开关类控件，在使用时通过 setChecked 设置其状态，并通过监听 checkedChanged 信号获取其状态切换的时机，示例代码如下。

```
// DSwitchButton 打开的时候设置两个进度条的进度为 50%，否则设置为 0%
connect(m_switchButton, &DSwitchButton::checkedChanged, this,
        [this] (bool checked)
        {
            int progress = checked ? 50 : 0;

            m_waterProgress->setValue(progress);
            m_circleProgress->setValue(progress);

            m_message->setText(QString("Progress set to %1%").arg(progress));
        });
```

DImageButton 控件则是纯图像显示的按钮，通过给这个按钮设置 3 种状态（normal、hover、pressed）需要使用的图像，按钮根据鼠标指针的动作自动切换状态并更新图像显示，适合实现表现比较随意、灵活的按钮。

在 dtk-gallery 程序中，DImageButton 的展现形态为一只小猫，正常状态（normal）下小猫的头为缩回状态；如果鼠标指针移动到按钮上（hover），小猫的头会露出一点；如果单击（pressed），则小猫的头会完全露出，如图 7-6 所示。

设置 DImageButton 的代码如下。

```
// 为 DImageButton 设置 3 种状态的图像资源
m_catButton->setNormalPic(":/images/cat_normal.png");
m_catButton->setHoverPic(":/images/cat_hover.png");
m_catButton->setPressPic(":/images/cat_pressed.png");
```

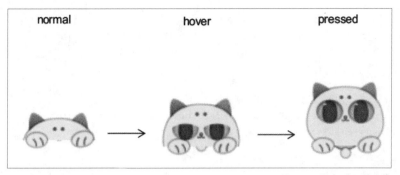

图 7-6　按钮的 3 种状态

如果要在单击时做逻辑处理，则同样监听按钮的 clicked 信号。本例中在按钮单击时显示消息"Meow～～～"，代码如下。

```
// 单击 DImageButton 的时候，在右侧的信息框中显示提示信息
connect(m_catButton, &DImageButton::clicked, this,
        [this]()
        {
            m_message->setText("Meow~~~");
        });
```

3. 输入控件

为了实现文本框在表现形式以及行为上的一些特殊需求，DTK 引入了自己的输入控件：DLineEdit、DSearchEdit、DPasswordEdit 和 DIpv4Edit。

DLineEdit 在 QLineEdit 的基础上加入了警告，即可以通过 setAlert 方法设置 DLineEdit 的警告状态，并且通过 showAlertMessage 显示警告信息。如下代码在输入完成时检查文本框内容，如果为空则提示用户输入不能为空，并且在用户重新输入的时候撤销警告状态。

```
// DLineEdit 编辑完成时，在右侧信息框中显示输入内容
connect(m_lineEdit, &DLineEdit::editingFinished, this, [this] {
    if (m_lineEdit->text().length() != 0) {
        m_message->setText("Typed: " + m_lineEdit->text());
    } else {
        // 警告用户输入不能为空
        m_lineEdit->setAlert(true);
        m_lineEdit->showAlertMessage("Can't be empty");
    }
});
// 用户重新编辑时，撤销警告状态
connect(m_lineEdit, &DLineEdit::textChanged, this, [this] {
    m_lineEdit->setAlert(false);
});
```

另外 3 个类型的文本框控件 DSearchEdit、DPasswordEdit 和 DIpv4Edit 除了表现形式与 QLineEdit 不同外，其他用法大同小异，此处不再详细介绍。在输入控件编辑完成后显示相应内容的示例代码如下。

```
// DSearchEdit 编辑完成时，在右侧信息框中显示输入内容
connect(m_searchEdit, &DSearchEdit::editingFinished, this, [this] {
    m_message->setText("Searched: " + m_searchEdit->text());
});

// DPasswordEdit 编辑完成时，在右侧信息框中显示输入内容
connect(m_passwordEdit, &DPasswordEdit::editingFinished, this, [this] {
    m_message->setText("Guess what, I know your password: \n" +
                        m_passwordEdit->text());
});


// DIpv4Edit 编辑完成时，在右侧信息框中显示输入内容
connect(m_ipv4Edit, &DIpv4Edit::editingFinished, this, [this] {
    m_message->setText("I got IP address: " + m_ipv4Edit->text());
});
```

4. 其他控件

DTK 中还有一些比较特殊的控件，如类似安卓开发中的 Toast 的 DToast 提醒控件，以及类似聊天消息框形态的 DArrowRectangle 控件等。

DToast 控件在使用时比较简单，只需将控件移动到特定的位置，调用 pop 方法进行显示即可，示例代码如下。

```
// 设置 DToast 的提示信息内容
m_toast->setText("Welcome back");

// 移动 DToast 到窗口中下方的位置并显示
m_toast->move((width() - m_toast->width()) / 2.0, height() - 20 - m_toast->height());
m_toast->pop();
```

显示效果如图 7-7 所示，其中显示"Welcome back"字样的就是 DToast 控件。

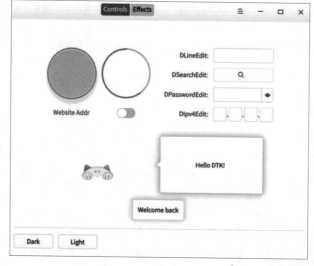

图 7-7　显示效果

在使用 DToast 时需要注意：DToast 在创建时需设定父控件，否则控件会直接以窗口状态显示。

DArrowRectangle 控件一般用来构造上文提到的 DLineEdit 警告提醒、Popover 弹出提醒类窗口等，接口比较贴近底层，一般不会使用，这里不再详述。

7.9.2 Effects 页面

Effects 页面如图 7-8 所示，展示了 4 种类型的特殊效果，即 DBlurEffectWidget 窗口内混合模式、DBlurEffectWidget 窗口背景混合模式、DGraphicsClipEffect 和 DGraphicsGlowEffect，分别对应图中的 1 ～ 4 处。

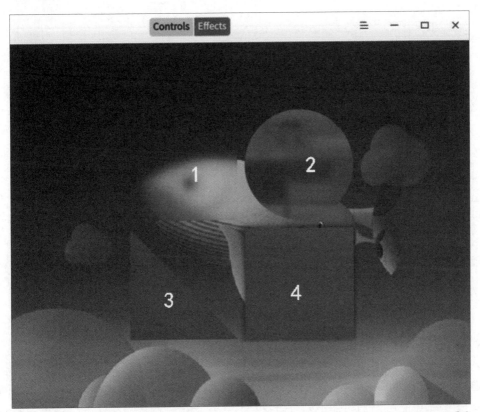

图 7-8　Effects 页面

其中，DBlurEffectWidget 主要用来实现背景模糊的功能，它本身包含两种混合模式：窗口内混合，即控件和窗口内容模糊、混合后显示；窗口背景混合，即控件和窗口背后的内容模糊、混合后显示。示例代码如下。

```
// DBlurEffectWidget 窗口内混合模式
m_blurInner->setFixedSize(140,140);
m_blurInner->setBlendMode(DBlurEffectWidget::InWindowBlend);
// 设置模糊半径
m_blurInner->setRadius(30);
// DBlurEffectWidget 窗口背景混合模式
m_blurBackground->setFixedSize(140,140);
```

```
m_blurBackground->setBlendMode(DBlurEffectWidget::BehindWindowBlend);

// 设置遮罩层颜色为暗色
m_blurBackground->setMaskColor(DBlurEffectWidget::DarkColor);
// 设置控件 x 和 y 方向的圆角半径
m_blurBackground->setBlurRectXRadius(70);
m_blurBackground->setBlurRectYRadius(70);
```

DGraphicsClipEffect 和 DGraphicsGlowEffect 都继承自 QGraphicsEffect，兼容 QWidget::setGraphicsEffect 函数，使用起来非常方便，示例代码如下。

```
// 创建切割路径
QPainterPath path;
path.moveTo(0, 0);
path.lineTo(0, 140);
path.lineTo(140, 140);
path.closeSubpath();
// 设置切割路径
m_clipEffect->setClipPath(path);
// 设置外发光 x 轴的偏移量
m_glowEffect->setXOffset(10);
// 设置外发光 y 轴的偏移量
m_glowEffect->setYOffset(10);
QFrame *cliped = new QFrame;
cliped->setStyleSheet("background: grey");
cliped->setFixedSize(140, 140);
cliped->setGraphicsEffect(m_clipEffect);
QFrame *glowing = new QFrame;
glowing->setStyleSheet("background: grey");
glowing->setFixedSize(140, 140);
glowing->setGraphicsEffect(m_glowEffect);
```

7.10 切换主题

早在 Deepin UI 的时代，深度控件库就开始提供换肤功能，每个使用 Deepin UI 的程序都可以自由地进行风格自定义。DTK 同样提供切换主题风格的功能，并且内置两款主题：浅色风格 light 和深色风格 dark。DApplication 默认使用浅色风格的主题。

为了演示主题切换的功能，对 dtk-gallery 项目进行修改，增加两个按钮 "Light" 和 "Dark"，单击 "Light" 按钮可将程序切换为浅色风格，单击 "Dark" 按钮可将程序切换为深色风格，代码如下。

```
connect(m_darkMode, &QPushButton::clicked, this, [this] () {    DGuiApplicationHel
per::instance()->setPaletteType(DGuiApplicationHelper::DarkType);
});

connect(m_lightMode, &QPushButton::clicked, this, [this]() {
DGuiApplicationHelper::instance()->setPaletteType(DGuiApplicationHelper::LightTy
```

```
pe);
});
```

从上面的代码可以看到，DGuiApplicationHelper 提供了 setPaletteType 方法来设置程序的主题风格，使用起来非常简单。切换至深色风格的 dtk-gallery 显示效果如图 7-9 所示。

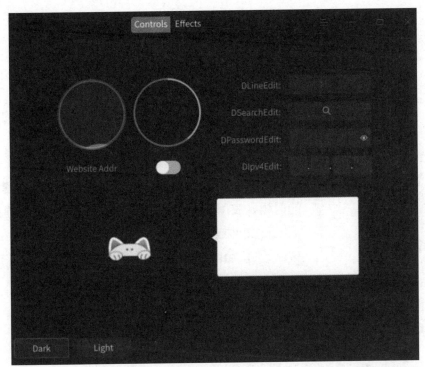

图 7-9　深色风格效果

7.11 添加设置界面

在所有统信 UOS 的应用中，窗口标题栏都提供程序按钮，单击这类按钮会弹出一个菜单，并且包含一个设置菜单项，用户单击设置菜单项就能打开程序的设置界面。这是所有 DTK 风格应用程序需要遵循的设计风格。本节会就此内容进行说明，并通过修改 dtk-gallery 程序说明如何给应用添加设置界面，以保证应用跟其他 DTK 应用风格保持一致。

首先，在标题栏的程序菜单中添加设置菜单项，代码如下。

```
QMenu* MainWindow::createSettingsMenu()
{
    QMenu *menu = new QMenu;

    QAction *settingsAction = menu->addAction("Settings");
    connect(settingsAction, &QAction::triggered, this, [this] {
        m_settingsDialog->show();
```

```
        });

        return menu;
    }
    // 给标题栏添加设置菜单项
    QMenu *settingsMenu = createSettingsMenu();
    titlebar()->setMenu(settingsMenu);
```

createSettingsMenu 用来创建菜单，其中包含程序菜单中除"About""Exit"两个菜单项以外的所有菜单项，即本例中的"Settings"菜单项。"About""Exit"以及之后要提到的"Help"菜单项由 DTitlebar 自动创建和添加。

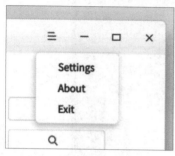

图 7-10　程序菜单

创建好菜单后，通过 DTitlebar::setMenu 方法设置此菜单为程序菜单。此时单击程序按钮，显示的程序菜单如图 7-10 所示。

为了方便应用开发者构建设置界面，DTK 开发了一套通过 JSON 文件创建设置界面的机制。在构建设置界面的时候，应用开发者无须再逐行构建界面，而是通过一个 JSON 文件描述设置界面的内容，经过 DSettings 加载，传递给 DSettingsDialog 构建界面即可，代码如下。

```
SettingsDialog::SettingsDialog(QWidget *parent)
  : DSettingsDialog(parent)
{
    // 构造配置文件路径
    const QString confDir = DStandardPaths::writableLocation(
        QStandardPaths::AppConfigLocation);
    const QString confPath = confDir + QDir::separator() + "dtk-gallery.conf";

    // 创建设置项存储后端
    QSettingsBackend *backend = new QSettingsBackend(confPath);

    // 通过 JSON 文件创建 DSettings 对象
    DSettings *settings = DSettings::fromJsonFile(":/data/settings.json");

    // 设置 DSettings 存储后端
    settings->setBackend(backend);

    // 通过 DSettings 对象构建设置界面
    updateSettings(settings);

    connect(settings, &DSettings::valueChanged,
        this, &SettingsDialog::settingsChanged);
}
```

在上面的代码中，新建了一个类 SettingsDialog，继承自 DSettingsDialog，用于 dtk-gallery 应用的设置界面。

其中，DSettings 需要一个存储后端来存放设置数据，DTK 提供两个可选选项，一个是这个例子中用到的 QSettingsBackend，另一个是 GSettingsBackend。从名字上可以看出，QSettingsBackend 使用 QSettings 作为存储后端，而 GSettingsBackend 使用 GSettings 作为存储后端。GSettings 相较于 QSettings 的优点在于可以有系统和用户级两套配置，在系统定制时比较方便，而且其本身有一套通知机制；但是，它的缺点也比较明显，那就是它在使用上比较麻烦。本例为了方便，使用 QSettings 作为存储后端。

存储后端构建完成后，通过 DSettings::setBackend 设置给 DSettings 对象，DSettingsDialog 则通过 DSettingsDialog::updateSettings 方法加载 DSettings 的内容。

DSettings 从 JSON 文件加载内容时，则是使用 DSettings::fromJsonFile 方法，在本例中 settings.json 文件的内容如下。

```json
{
    "groups": [
        {
            "key": "basic",
            "name": "Basic",
            "groups": [
                {
                    "key": "select_multiple",
                    "name": "Checkbox",
                    "options": [
                        {
                            "key": "checkbox_1",
                            "text": "Check list 1",
                            "type": "checkbox",
                            "default": 1
                        },
                        {
                            "key": "checkbox_2",
                            "text": "Check list 2",
                            "type": "checkbox"
                        }
                    ]
                },
                {
                    "key": "select_single",
                    "name": "Radiogroup",
                    "options": [
                        {
                            "key": "radiogroup",
                            "name": "",
                            "type": "radiogroup",
                            "items": [
                                "Option 1",
                                "Option 2"
                            ],
                            "default": 1
                        }
```

```
                    ]
                },
                {
                    "key": "slider",
                    "name": "Sliders",
                    "options": [
                        {
                            "key": "slider",
                            "type": "slider",
                            "name": "Opacity",
                            "min": 0,
                            "max": 100,
                            "default": 50
                        }

                    ]
                }
            ]
        },
        {
            "key": "advanced",
            "name": "Advanced",
            "groups": [
                {
                    "key": "combo",
                    "name": "Combobox",
                    "options": [
                        {
                            "key": "combobox",
                            "name": "Combobox",
                            "type": "combobox",
                            "items": [
                                "hello", "world"
                            ],
                            "default": "hello"
                        }
                    ]
                },
                {
                    "key": "spin",
                    "name": "SpinButton",
                    "options": [
                        {
                            "key": "spin",
                            "name": "Change the value",
                            "type": "spinbutton",
                            "default": 10
                        }
                    ]
                },
                {
                    "key": "shortcuts",
```

```
                    "name": "Shortcuts",
                    "options": [
                        {
                            "key": "open_file",
                            "name": "Open file",
                            "type": "shortcut",
                            "default": "Ctrl+o"
                        },
                        {
                            "key": "open_folder",
                            "name": "Open folder",
                            "type": "shortcut",
                            "default": "Ctrl+f"
                        }
                    ]
                }
            ]
        }
    ]
}
```

生成的设置界面如图 7-11 和图 7-12 所示。

由 DSettings 生成的设置界面分为左右两个部分，左侧是导航栏，右侧为设置内容，在设置内容最下方是重置按钮，用户可以通过单击这个按钮将程序的所有设置项重置。

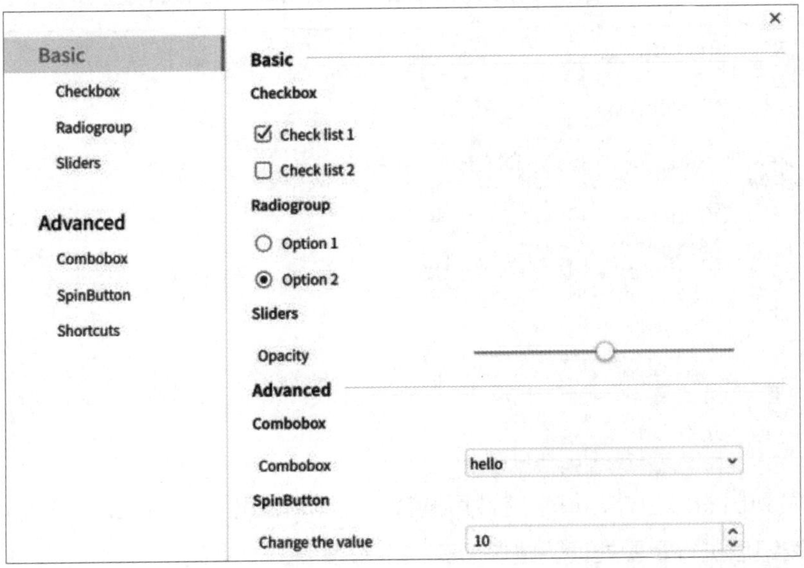

图 7-11　设置界面 1

JSON 文件最外层是一个无名对象，包含属性 groups，这是一级导航，例如图中的 Basic；一级导航下层是二级导航，例如图中的 Checkbox，二级导航在 JSON 文件中以一个对象的形式出现，包含属性 key、name 和 options。其中，key 为字符串，表示设置项目的唯一 ID，JSON 文件中除最顶层的对象外，其余的对象均需设置 key 属性；name

属性同样为字符串，表示标题的名称；options 属性为数组，包含当前二级标题下的所有设置项。每个设置项都从属于一个特定的二级导航，每个二级导航都从属于一个一级导航。

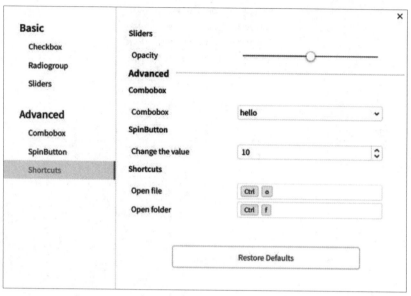

图 7-12　设置界面 2

每个设置项可以对应于不同的控件类型，在设置项的 JSON 对象中使用 type 属性来标识。DSettings 目前支持的 type 属性类型和其对应生成的控件的关系如表 7-1 所示。

表 7-1　DSettings 支持的 type 属性类型和其对应生成的控件的关系

type 字段	生成控件	属性
checkbox	QCheckBox	text
radiogroup	QRadioButton 组成的 QButtonGroup	items
slider	QSlider	name、min、max
combobox	QComboBox	name、items
spinbutton	QSpinBox	name
shortcut	ShortcutEdit	name
lineedit	QLineEdit	name、text

除了上面列出的属性外，每个控件可选择一个 default 属性，表示设置项默认值，用于单击重置按钮后进行重置处理。建议所有控件都设置一个默认值。

7.12 添加帮助手册

前面提到程序菜单中"Help"同"About""Exit"都是 DTitlebar 自动添加的，但是

dtk-gallery 到目前为止还没有出现这一项，这主要是因为还没有给 dtk-gallery 添加帮助手册内容。

为了让 DTitlebar 能识别到针对某一应用的帮助手册，需要将应用程序的帮助手册内容放置在 /usr/share/deepin-manual/manual/ 下，并且保证手册目录的名称和应用的程序名称对应（前面通过 DApplication::setApplicationName 设置的名称）。

以 dtk-gallery 为例，需要编写合适的手册内容，并将其放置在 /usr/share/deepin-manual/manual/dtk-gallery/ 目录下。此时单击程序按钮，弹出的菜单就会包含"Help"，如图 7-13 所示。

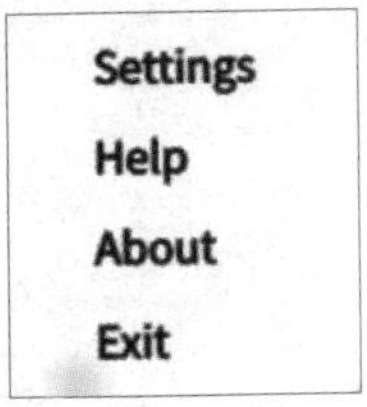

单击"Help"菜单项，应用会打开 dtk-gallery 的帮助手册内容。帮助手册文档的格式见 deepin-manual 项目 wiki，此处限于篇幅不再展开描述。

图 7-13 包含"Help"的程序菜单

第 **8** 章

桌面文件规范

　　Linux 有各种各样的图形化桌面可供选择。Linux 中的桌面环境
其实也是一个程序，但和内核不是绑定的，两者的开发也不是同步的。
给不带界面的 Linux 系统安装一个桌面环境，就能看到各种漂亮的窗
口。各种 Linux 发行版其实已经附带了某种桌面环境，可以更换其他
桌面环境。本章主要介绍桌面文件的基本模板、桌面文件的规范以及
桌面文件的完整示例。

　　【目标任务】

　　理解桌面文件的概念，掌握桌面文件基本模板、桌面文件规范，了
解桌面文件完整示例。

　　【知识点】

- 桌面文件基本模板。
- 桌面文件规范。
- 桌面文件完整示例。

8.1 桌面文件介绍

在 Windows 平台上,用户可以通过单击位于桌面或菜单上的快捷方式轻松打开目标应用程序。现代 Linux 桌面系统也提供了此项功能。目前,Linux KDE 和 Linux GNOME 都使用 Desktop Entry 文件标准来描述程序启动配置信息。Desktop Entry 文件标准是由 FreeDesktop.org 制定的,截至 2021 年 9 月,最新的版本是 Desktop Entry Specification 1.5。

Linux 程序的 .desktop 文件大都放置在 /usr/share/applications/ 目录(所有用户可见)或 ~/.local/share/applications/ 目录(仅当前用户可见)中,几乎所有的程序图标文件都在这里。

若是需要开机自动启动程序,则需把 .desktop 文件放置在 ~/.config/autostart/ 目录下。

8.2 桌面文件基本模板

此处以 demo.desktop 为例介绍桌面文件基本模板,示例代码如下。

```
[Desktop Entry]
    Name=< 应用程序名 >
    Type=Application
    Exec=< 应用程序完整路径 >
    Icon=< 应用程序图标的完整路径 >
    Categories=< 程序分类 >
```

其中涉及的参数介绍如下。

- Name:.desktop 文件最终显示的名称(一定要注意和 desktop 文件名的区别)。
- Type:用于指定 .desktop 文件的类型,包括 Application、Link、Directory 这 3 种类型。
- Exec:用于指定二进制可执行程序的完整路径。
- Icon:指定应用程序图标的完整路径(可以省略扩展名)。图标支持 PNG 格式、SVG 格式等,图标的推荐尺寸为 128 像素 ×128 像素。
- Categories:程序分类,具体分类如表 8-1 所示。

表 8-1 Categories 参数分类

类别	描述
Network	网络应用
chat	社交沟通

续　表

类别	描述
Audio	音乐欣赏
Audio Video	视频播放
Graphics	图形图像
Office	办公学习
Translation	阅读翻译
Development	编程开发
Utility	系统管理

8.3　桌面文件规范

Linux 的 KDE 和 GNOME 都采用类似的"桌面入口"格式，例如描述程序如何启动的配置文件，以及在菜单中的显示方式等。对桌面文件建立统一的标准有很多好处，如可以在两个不同的桌面环境之间进行相互操作，实现规范对任何其他环境的操作更加简单。桌面文件规范的详细说明请参见官网：https://www.freedesktop.org/wiki/Specifications/，书中不再另外进行介绍。

8.4　桌面文件完整示例

此处以统信音乐（UOS-music.desktop）的桌面条目为例进行展示，相关桌面条目的代码如下 [1]。

```
[Desktop Entry]
    Categories=Audio;AudioVideo;Qt;
    Comment=Play your music collection
    Exec=deepin-music %F
    GenericName=Music
    Icon=deepin-music

    MimeType=audio/musepack;application/musepack;application/x-ape;audio/
ape;audio/x-ape;audio/x-musepack;application/x-musepack;audio/x-mp3;application/
x-id3;audio/mpeg;audio/x-mpeg;audio/x-mpeg-3;audio/mpeg3;audio/mp3;audio/
x-m4a;audio/mpc;audio/x-mpc;audio/mp;audio/x-mp;application/ogg;application/
x-ogg;audio/vorbis;audio/x-vorbis;audio/ogg;audio/x-ogg;audio/x-flac;application/
x-flac;audio/flac;audio/aac;audio/3gp;audio/imy;audio/midi;audio/mp4;audio/xmf;
```

---

［1］这里根据需要对代码进行了裁剪。

```
    Name=Deepin Music
    Type=Application
    X-Deepin-ManualID=deepin-music
    X-Deepin-Vendor=deepin

    # Translations:
    # 不要手工修改
    Comment[zh_CN]=播放本地及网络音频流

    GenericName[zh_CN]=音乐

    Name[zh_CN]=深度音乐

[X-Next Shortcut Group]
    Exec=dbus-send --print-reply --dest=org.mpris.MediaPlayer2.DeepinMusic /org/
            mpris/MediaPlayer2 org.mpris.MediaPlayer2.Player.Next

    Name=Next track

    # Translations:
    # Do not manually modify!
    Name[zh_CN]=下一首

[X-PlayPause Shortcut Group]
    Exec=dbus-send --print-reply --dest=org.mpris.MediaPlayer2.DeepinMusic /org/
            mpris/MediaPlayer2 org.mpris.MediaPlayer2.Player.PlayPause

    Name=Play/Pause track

    # Translations:
    # 不要手工修改
    Name[zh_CN]=暂停 / 继续

[X-Previous Shortcut Group]
    Exec=dbus-send --print-reply --dest=org.mpris.MediaPlayer2.DeepinMusic /org/
            mpris/MediaPlayer2 org.mpris.MediaPlayer2.Player.Previous

    Name=Previous track

    # Translations:
    # 不要手工修改
    Name[zh_CN]=上一首
```

可以看到条目包含多个组，除了标准的键定义，还使用了扩展格式的键，比如 X-Deepin-Vendor，只有在使用统信 UOS 时这些键的含义才会生效。条目定义了多个节，并且对用户可见字段进行了本地化处理（如 Name、GenericName、Comment 等）。

第 **9** 章

从 Windows 到 Linux 的程序迁移

Windows 旧系统在性能方面不够用，频繁崩溃、负载过度、关闭机器时缓慢等问题导致用户工作效率低下。相对而言，Linux 最大的优势在于运行速度，比如从开机到开始工作通常只需要几秒，它的总体响应速度，甚至包括系统更新的速度都很快。但是，Windows系统经过多年的开发与积累，逐渐形成了丰富的生态，为了兼顾大量 Windows 系统用户的使用习惯，我们需要考虑从 Windows 到Linux 的程序迁移。本章主要比较 Windows 和 Linux 的差异，并介绍相关问题及程序迁移的解决方法。

【目标任务】

了解 Linux 和 Windows 的现状与差异，掌握从 Windows 到Linux 的程序迁移需要解决的问题，包括 DeepinWine、Web 前端、ActiveX 控件、外围设备等。

【知识点】

- Linux 和 Windows 的现状。
- Windows 和 Linux 的差异。
- DeepinWine。
- Web 前端。
- ActiveX 控件。
- 外围设备。

9.1 系统现状

目前 Linux 系统的生态相对 Windows 来说还是比较贫乏，虽然能够满足基本的办公、娱乐需求，但是许多软件都缺少 Linux 版本，例如即时通信类软件，这是因为现有的用户群体已经被"绑定"在与 Windows 平台类似的软件上了，而在《中华人民共和国著作权法》等相关法律法规的约束下，如果原应用厂商不提供 Linux 版本，第三方也无法开发对应的软件。

除了没有原厂商的支持，Linux 不能替代 Windows 的另一个重要原因是很多 Windows 版本的软件也没有替代的同类产品。为了让更多的用户能够更便捷地使用 Linux 系统，开源社区实现了一个支持在 Linux 系统中运行 Windows 程序的项目，也就是 Wine。经过社区多年的积累，越来越多的 Windows 软件能够在 Linux 系统中运行。

相对于个人用户，企业级用户还有一个很大的困扰——很多业务系统不能在 Linux 上运行。因为很多业务系统只支持 IE（Internet Explorer），但 Linux 中没有 IE，导致这些业务系统不能使用。

Linux 系统相对 Windows 系统支持更多的处理器架构，但是通过 Wine 迁移的 Windows 软件当前只支持 x86 架构的系统，由于工作量和技术差异等问题，对其他处理器架构的支持暂时是缺失的。本章也只阐述 x86 架构下相关的问题，以下的 Linux 系统都指的是 x86 架构的。

9.2 程序迁移问题

有的人可能会问：为什么 Windows 的软件不能在 Linux 系统中运行呢？答案是各个系统的可执行文件格式不一样。Windows 下常见的可执行文件格式是 PE 格式，在 Linux 系统中不能直接将其加载到内存中运行。Wine 的一个重要功能就是将 PE 格式的二进制文件在 Linux 系统中加载到内存运行。

能够加载 PE 格式只是"万里长征第一步"，Windows 程序要在 Linux 系统上运行起来，除了加载程序的代码，还需要依赖相应的 API 的实现。但是 Windows 上的 API 成千上万，而且都是闭源的，Linux 系统还缺少与之一一对应的 API。Wine 的另一个功能就是实现 Windows 对应的 API。

能够加载 PE 格式并且提供对应的 API，似乎已经完美解决了 Windows 软件在 Linux 系统上面运行的问题。但是现在做的还远远不够，因为对 Windows 上的 API 的实现都是基于黑盒分析和参考文档的，并不能保证 API 的行为和 Windows 完全一致。除此之外，还有一部分 API 没有实现。

除了 Windows 的 API 闭源导致 Wine 实现的 API 不完整，还有系统的差异导致一些功能不能实现。如 Linux 窗口管理和 Windows 窗口管理行为上的差异，导致一些窗口显示和 Windows 有差异；硬件驱动缺失或者功能不完善，导致一些硬件的相关功能实现不了。

9.3 DeepinWine

Wine 这个项目主要由国外的团队维护，缺少对国内软件的大量测试，所以对国内很多常用软件的支持不太好。基于这个情况，武汉深之度科技有限公司（简称深度科技，常被称为 Deepin）在 Wine 社区的基础上，不得不独立维护一个 Wine 的版本，即 DeepinWine。

从 2016 年发布第一个版本至今，DeepinWine 已经支持了 QQ、微信、TIM、迅雷、百度网盘等 30 多个 Windows 上常用的软件。DeepinWine 解决了 Windows 软件运行的问题后，一般都会通过统信 UOS 应用商店上架，这些应用基本都能够满足用户的功能需求，其中 QQ、微信、迅雷等应用可以"完美"运行，基本和 Windows 对应的版本体验一致。截至目前，深度科技的 DeepinWine 团队已经向 Wine 社区提交了数十个补丁，其中有 20 多个已经被社区吸收。

DeepinWine 除了用于解决常用端软件的问题，还能用于迁移 Windows 版本的业务系统。这些业务系统迁移中存在的一个主要问题是 Linux 系统没有 IE，而很多业务系统只支持 IE 或者是嵌入的 IE 内核。要解决这些 IE-Only 业务系统的问题，就需要解决 Web 前端、ActiveX 控件、外围设备（如驱动）等问题。

9.4 客户端软件运行的问题

Windows 版本客户端软件在 Linux 系统中运行的问题主要体现在如下几个方面。

（1）运行差异。软件不能直接下载、安装、运行。很多用户刚刚接触 Linux 的时候都有一个困惑：单击在网页下载的 Windows 软件没有反应，运行不了。在 Linux 系统中要运行一款 Windows 软件，必须要有一定的技术基础，至少要知道怎么通过 Wine 启动 Windows 程序。为解决这个问题，DeepinWine 团队对常用的一些软件进行打包，发布到统信 UOS 应用商店，用户可以直接通过统信 UOS 应用商店一键安装和运行。

（2）界面文字显示异常。Windows 中的很多字体是有版权的，而 Linux 系统中不能集成对应的字体，字体缺失导致显示异常。在 DeepinWine 中，这些字体显示的相关问题都已经得到了解决。

（3）窗口错乱。Wine 实现的窗口相关接口不完善，加上 Windows 窗口管理和 Linux 窗口管理有些冲突，这导致窗口显示和 Windows 不一致。有些窗口层级问题还会导致软件无法操作，这也是 DeepinWine 解决最多的问题之一。

（4）焦点错乱。这主要体现在一些依赖焦点行为显示的窗口上面，比如 Windows 中的有些窗口焦点丢失会自动隐藏，但是 Linux 中的焦点问题会导致这个窗口不能显示。

（5）和 Linux 原生窗口的交互问题。这主要体现在系统剪贴板和拖放文件等功能上。比如不能将在原生窗口复制的内容粘贴到 Windows 软件窗口上，不能将 Windows 软件拖放的文件复制到系统文件管理器。

（6）硬件设备不能调用。比较突出的是很多软件都会用到摄像头，但是基本都有问题。DeepinWine 解决了一些常用软件不能使用摄像头的问题。如统信 UOS 中的 QQ、微信等都能够正常使用摄像头。

（7）软件稳定性问题。这是一个长期运维的问题，DeepinWine 团队对维护的 Windows 应用将提供长期的更新，确保能够满足用户持续的日常使用需求。

还有很多其他问题，这里就不一一阐述了。

9.5 Web 前端

Web 前端的问题聚焦在对 IE 的支持上，有两个方案来解决这个问题。

一是通过迁移 Windows 版本软件，如 IE、遨游（支持 IE 内核版本）等。这个方案需要通过 Wine 去支持 IE 内核，目前这个方案的可用性还不太好，很多功能即使能支持，运行时也会出现稳定性问题。

二是通过 Linux 原生浏览器加载 Web 页面。这个方案需要解决原生浏览器和 IE 差异性的问题。Linux 主流的浏览器是 Chrome 和 Firefox，它们对很多 IE 特有的 JavaScript 功能和语法都不支持，还有一些语义也不太一样。虽然相对迁移 Windows 版本的 IE 来说，这个方案更稳定一些，但是移植的工作量非常大。

9.6 ActiveX 控件

基于 IE 的业务系统最大的特色就是使用了 ActiveX 控件。ActiveX 控件指的是一套基于组件对象模型（Component Object Model，COM）的组件接口，在 IE 里面能够直接通过 JavaScript 调用控件提供的接口实现丰富的功能，如包含窗口的控件、访问外围设备的控件等。

在 Linux 的原生浏览器中运行 ActiveX 控件需要解决以下几个方面的问题。

（1）识别 ActiveX 控件。因为调用 ActiveX 控件的语法在 Chrome 或者 Firefox 上不被支持，构建 DOM（Document Object Model，文档对象模型）元素的时候只当作普通的元素，所以在调用控件方法的时候会提示方法未定义。

（2）实现 ActiveX 控件的代理。在浏览器能够解析 ActiveX 控件对象之后，还缺少对应的实现，浏览器内核不支持构造 ActiveX 控件对象。这就需要实现插件来提供构造 ActiveX 控件对象的方法，而且能够将浏览器调用的方法传递给 Windows 版本的 ActiveX 控件执行。

（3）通过 Wine 迁移 ActiveX 控件。ActiveX 控件最常用的场景就是调用外围设备，这些基本都需要通过完善 Wine 来支持。

9.7 外围设备

上文中提到，一些场景需要支持 Windows 版本的外围设备驱动接口。这些设备大致可以分为以下几类，需要采用不同的方案进行迁移。

（1）摄像头。这是十分常用的设备，大部分摄像头在 Linux 系统中都有对应的驱动。但是要支持相关的 Windows 版本软件，有驱动还不够。驱动只能提供接口来获取数据，大部分软件还会对摄像头数据进行一些特殊的处理。处理摄像头数据基本都是通过 DirectShow 实现的，而 DirectShow 还支持添加自定义的 filter，这就会导致各种各样的问题。Linux 驱动可能不支持少数摄像头的一些特殊功能，如某些摄像头的自动白平衡、自动曝光等。

（2）人机接口设备（Human Interface Device，HID）。绝大部分 HID 在 Linux 系统中都有驱动。但是驱动只能保证用户用 USB 协议能够正常读写数据，因为应用程序是通过 Windows 提供的一套 API 去读写数据，所以要完善 Wine 实现对应的接口。

（3）SmartCard 设备。Linux 提供了一套支持 Windows 中的 winscard 接口的中间层，但是支持还不太完美。通过 winscard 调用外围设备和 Windows 中使用外围设备相比还有差异。

（4）串口设备。串口设备存在的问题主要是串口本身驱动的问题，特别是 PCI 卡转串口这种设备。在串口正常的情况下，应用层读写串口设备基本没有问题，因为应用层串口已经抽象成了文件，和平台不太相关。

（5）打印机。在 Linux 系统中打印机最大的问题是驱动，很多打印机没有驱动，即使有驱动也不完善（相比 Windows 功能），特别是打印机状态反馈的问题。DeepinWine 团队实现了一套将 Windows 打印机驱动迁移到 Linux 系统的方案，能够解决没有驱动的问题，但是仍然有一定的限制，支持功能需要继续完善。

（6）扫描仪。对于 Linux 原生软件来说，扫描仪的问题是缺少驱动和功能强大的扫描软件。对于用到扫描仪的 Windows 软件来说，在有驱动的情况下，Linux 系统也能通过 Wine 支持扫描的功能。